宇宙と物質の起源

「見えない世界」を理解する

高エネルギー加速器研究機構
素粒子原子核研究所　編

ブルーバックス

装幀　五十嵐徹（芦澤泰偉事務所）
カバーイラスト　みっちぇ（亡霊工房）
本文デザイン　齋藤ひさの
本文図版　中川啓
編集協力　鈴木志乃（フォトンクリエイト）

序文

物事の起源に強い興味をもつのは、おそらく筆者だけではないと思います。なんと言っても、物事の起源にたどり着くと、今その物事がそうである理由が納得できたり、逆に思いがけない起源にたどり着いて、その意外性にさらに好奇心をそそられたりするものです。

そもそも私たちは、どこからやって来たのでしょうか？　日本人の起源の研究には長い歴史がありますが、最近は発掘された人骨のＤＮＡ解析を通して飛躍的な進歩を遂げています。大陸から南北のルートで海を渡ってこの島国にたどり着き、四季を通じて美しさと険しさをたたえる自然の中で豊かな文化を育んできた日本人の起源が、最新科学研究による実証とともに明らかになってきています。

これを人類という枠に拡大してホモ・サピエンスの起源とその進化についても、ＤＮＡレベルでの検証を伴って大きく進展していることは、２０２２年のノーベル生理学・医学賞がネアンデルタール人など古代人のＤＮＡ解析技術の確立に対して贈られたことから、ご存じの方も多いと思います。今では、約30万年をさかのぼるホモ・サピエンスの歴史を語ることができるようになっています。

さらに生命の起源を巡る研究も盛んで、約40億年といわれる地球上の生命の起源が、そもそも地球の外に存在する可能性が検証されようとしていることは、「はやぶさ2」探査機がもち帰った小惑星の破片の分析が話題になって、ご存じの方も多いでしょう。

そしてさらに歴史をさかのぼって、私たちを含むすべての物質の起源、またそれらをすべて包括する宇宙の起源は、おそらく人類が自分と自分以外の関係を考え始めたときから、ずっと大きな関心事であったと思われます。その記録は、古代ギリシャにさかのぼります。紀元前600年ごろには、ギリシャ七賢人の一人とされる哲学者タレスが、万物の根源、アルケーの存在を考え始めました。その後、すべての物質を、火、水、土、空気という4つの元素が愛という引力と憎しみという斥力で離合集散した結果として考える、哲学者エンペドクレス（紀元前450年ごろ）が現れました。中国でもすべての物質は5つの要素からなるという五行説が生まれるなど、一見複雑に見える世界が少ない要素から成り立っているのではないかという思索が、世界のあちこちに現れるようになりました。

この純粋な思考のみに基づく推論、時に詩的とも思える自然観は、その後、約2000年の時間をかけて、実験という「再現できる事実」に裏付けられ、数学という「普遍的な論理」に支えられた、「素粒子の標準理論」として結実することになりました。この理論では、この宇宙に存在するすべての物質が6種類のクォークと6種類のレプトンから成り立っていて、それらの間に働く力はゲージ原理という数学的構造に基づいている、と理解されています。この理論に結び付く電子や原子核の発見が19世紀末から20世紀初頭にあり、同じ20世紀の後半には「標準理論」という包括的な理論に到達したことは、知識や技術の進歩が指数関数的に加速して進むことを示していると言えるのではないでしょうか。

この素粒子標準理論に代表される基礎科学の発展の歴史と現在の最先端の詳細は本編に譲りますが、近代の科学の進展が明らかにしたのは、この宇宙が138億年前に点にも満たない極小のエネルギーの塊から生まれたこと、その塊から私たちが生まれるまでには数々の偶然が重なっているらしいことです。

この138億年という長大な時間スケールを理解するために、私たちはよく「宇宙カレンダー」を用います（次ページ）。これは、宇宙開闢《かいびゃく》の瞬間を元日の午前0時、現在を大みそかの真夜中午後11時59分59秒に設定して、138億年の宇宙の歴史を慣れ親しんでいるカレンダーの1年間に圧縮して対応させたものです（巻末〈宇宙カレンダーについてのメモ〉参照）。

宇宙カレンダーの1日は宇宙の歴史の3781万年に対応するので、例えば今から45・7億年前に起こった太陽系の形成は、大みそかより120日前、つまり9月2日未明の出来事になります。その日の夜（45・4億年前）には地球が生まれて、やがて海ができ、まもなく地球上に最初の生命が生まれた、と考えることができます。地磁気が形成されて宇宙から降り注ぐ放射線から

宇宙カレンダー

日付	時間	出来事	区分
1月1日	10^{-43}秒から10^{-38}秒	**インフレーション** 原子１個の大きさが太陽系の大きさに	黎明期〈時空の創造〉
	10^{-10}秒	**ヒッグス粒子による電弱相転移** クォークや電子など素粒子の熱いスープ状態	創成期〈素粒子の創造〉
	10^{-4}秒	**閉じ込め** ３つのクォークから陽子や中性子ができる	形成期〈原子核・原子の創造〉
	3分	**ヘリウム核の形成** 陽子と中性子からヘリウムなどの軽い原子核ができる	形成期〈原子核・原子の創造〉
	38万年	**原子の生成＝「晴れ上がり」** 電子が原子核に束縛され原子ができる。 これ以降、光が直進できるようになる。 宇宙背景放射で見える宇宙	形成期〈原子核・原子の創造〉
11日頃	約４億年	**天体の生成** 重力によりダークマターがハローを形成し始める。 その後、原子がハロー内に集まり初代星もしくは銀河を形成し、銀河の中で通常の恒星が形成される	形成期〈原子核・原子の創造〉
7月26日頃	約80億年	**宇宙膨張の加速** 暗黒エネルギーと呼ばれる反重力的な効果で宇宙膨張が加速する	創発期〈生命・新物質の創造〉
9月2日未明	92.3億年	**太陽系の形成**	創発期〈生命・新物質の創造〉
2日夜	92.6億年	**原始地球誕生**	創発期〈生命・新物質の創造〉
11日	96億年	**地磁気の形成**	創発期〈生命・新物質の創造〉
17日	98億年	**海洋形成・生命誕生**	創発期〈生命・新物質の創造〉
11月1日	115億年	**１度目の全球凍結**	創発期〈生命・新物質の創造〉
12月13日	131.0億年	**２度目の全球凍結**	創発期〈生命・新物質の創造〉
14日	131.5億年	**３度目の全球凍結**	創発期〈生命・新物質の創造〉
18日	132.7億年	**カンブリア大爆発**	創発期〈生命・新物質の創造〉
30日	137.3億年	**恐竜絶滅**	創発期〈生命・新物質の創造〉
31日	137.6129億年		
21:23	137.929億年	**アウストラロピテクスの出現**	
23:48	137.967億年	**ホモ・サピエンスの出現**	
23:58	137.970億年	**言語の発生**	

目盛り：1月　2月　3月　4月　5月　6月　7月　8月　9月　10月　11月　12月

１年→138億年　１日→3781万年　１分→2.6万年

生命が守られる状態がつくられたのが、海洋形成の少し前の9月11日（42億年前）。やがて光合成によって酸素をつくり出すシアノバクテリアも生まれました。地球全体が氷に覆われた全球凍結（スノーボールアース）は11月1日と12月13日、14日の3度あったと考えられています。12月18日（5億2500万年前）にはカンブリア大爆発と呼ばれる生物の種類の爆発的な増加があり、大型の生物が生まれるようになりました。その後に隆盛を極めた恐竜は、12月30日の早朝6時5分（6600万年前）に絶滅しました。私たちを含むホモ・サピエンスの登場は、除夜の鐘が鳴る大みそかの23時48分（31・5万年前）ということになります。

この「宇宙カレンダー」を用いると、全球凍結が日本で寒くなる時期に当たるので妙に納得したり、宇宙の膨張が加速に転じる約60億年前（7月26日）を夏の始まりの高揚感と結び付けたり、また、海洋の形成を厳しい残暑の疲労感と結び付けるなど、間違った印象を与えかねないのですが、138億年という圧倒的に長い時間を、全体を通して見渡している気分になれるという点は大きな効用だと言えます。

そのように宇宙の歴史の中でほんの一瞬にすぎない存在である私たちが、宇宙の歴史全体を語り、その始まりを根拠とともに議論できるようになったことに、あらためて驚きます。これが可能になったのは、人類がサイエンスという重要なツールを手にしたからだと言えます。実験や観測によって確かめられた事実を、普遍的な論理関係を論じる数学で包括的に理解し、ある時点での理解を後世につなぎ、理解できる領域をどんどん拡大するサイエンスという営みのおかげで、１人の人間が明らかにできることを人類全体に広く共有して、また時代を超えて理解を磨き続け、人類は自然の仕組みを詳しく理解し、それに基づいて新しい技術を生み出してきました。

　つまり、サイエンスは時空を超えた人類の壮大なコラボレーションだと言えます。そして、今私たちが手にしている知見や技術は、時空を超えて多くの人の協力によって生み出されたことを思い起こすとき、その結果はやはり広く多くの人に知ってもらうべきであるし、より多くの人のために用いられるべきであることが、自然に理解できると思います。言うまでもなく、一部の人を利するために用いられたり、力によって他人の意見を変えることに使われたりしてはいけないのです。

　本書で宇宙・物質の起源について語るのは、この分野の最先端を開拓する研究者で、筆者を含めて茨城県つくば市に大学共同利用機関法人として設置された高エネルギー加速器研究機構（Ｋ《ケー》Ｅ《イー》Ｋ《ケー》）の素粒子原子核研究所に所属しています。ここでは、小林誠・益川敏英両博士の２００８年ノーベル物理学賞受賞のきっかけとなる実験結果を生み出したＢファクトリーのアップグレードを行い、そこで実施されているＢｅｌｌｅ《ベル》Ⅱ実験には世界中から１１００名以上の研究者が集っています。また、茨城県東海村にもキャンパスをもち、日本原子力研究開発機構とともに建設したJ－PARC《ジェイパーク》という大強度陽子加速器施設を運営してニュートリノ振動実験をはじめとする素粒子原子核研究を展開しています。さらに、スイス・ジュネーブ近郊の欧州合同原子核研究機構（CERN《セルン》）でのATLAS《アトラス》実験に日本国内の大学とともに重要な貢献を行い、国際リニアコライダー（ILC《アイエルシー》）のような将来計画を国内の大学の研究者とともに進めていく拠点にもなっています。

各章の執筆者たちは、理論・実験それぞれの立場から新しい発見を目指して日夜研究にいそしむ研究者です。各章の内容にはオーバーラップもあり、違った角度から説明されていることもありますが、素粒子や原子核という抽象的な世界を理解する上で、違った視点からの記述は役に立つかもしれません。また、難解だと思う部分は読み飛ばして、後から再挑戦するという読み方でも問題ありません。この世界が点にも満たない小さな領域から138億年という途方もない時間をかけて膨張し、数々の偶然に支えられて今の姿があるという、いわば奇跡の歴史を、最前線で活躍する研究者のガイドで一緒にたどってみましょう。

なお、本書の編集は点字本製作と並行して進みました。以前から私たちの研究の最前線をスナップショット的に紹介する一般の方向けの入門書を編纂したいと考えていましたが、あるきっかけで点字本をつくろうということになり、その「点字本プロジェクト」の後押しを得て、ようやく完成したものです。
　点字本は、筑波技術大学の宮城愛美《まなび》先生を中心とする皆さんの熱意あふれるご尽力で作製され、本書が書店に並ぶころには完成している予定です。この点字本は、原本の文字部分が掲載された点字版と、原本の図の部分が掲載された触図版で構成されています（点字本のつくり方を、巻末付録でご紹介しています）。点字版、触図版の電子ファイルは、視覚障害のある方や、その他の関心のある方に向けて、無料で提供されています。公開は、高エネルギー加速器研究機構のリポジトリ、筑波技術大学のリポジトリ、国立国会図書館の視覚障害者等用データ送信サービスで行いますが、次のＵＲＬにアクセスしていただくと、それら入手先の情報を得ることができます。この点字本プロジェクトポータルページには、本書発刊後に判明した正誤表などの追加情報も掲載していく予定です。

　　ＵＲＬ：https://www2.kek.jp/ipns/ja/braillebook_project/

もしくは以下のＱＲコードからアクセスしてください。

　さらに本書は、オーディオブックとしてもお届けする予定です。音声では図の表現ができませんが、右のＵＲＬから触図版をご入手いただければ、目の不自由な方のご理解の助けになると思います。

この本が、私たちがどこから来て、何者であり、またどこに向かっているのか、より多くの人と一緒に考える一助になることを心から願ってやみません。

2024年春

高エネルギー加速器研究機構　素粒子原子核研究所　所長　齊藤直人
執筆者一同

執筆者一覧

序　文　齊藤直人
高エネルギー加速器研究機構 素粒子原子核研究所 所長

第1,2章　藤本順平
高エネルギー加速器研究機構
素粒子原子核研究所 シニアフェロー

第3章　宮武宇也
高エネルギー加速器研究機構
素粒子原子核研究所 ダイヤモンドフェロー

郡　和範
国立天文台 教授　高エネルギー加速器研究機構 特別教授

第4章　橋本省二
高エネルギー加速器研究機構 素粒子原子核研究所 教授

第5章　藤本順平

第6章　多田　将
高エネルギー加速器研究機構 素粒子原子核研究所 准教授

伊藤慎太郎
北九州工業高等専門学校 助教

第7,8章　郡　和範

第9章　津野總司
高エネルギー加速器研究機構
素粒子原子核研究所 研究機関講師

中浜　優
高エネルギー加速器研究機構
素粒子原子核研究所 准教授

第10章　藤井恵介
岩手大学 客員教授
高エネルギー加速器研究機構 名誉教授

目次

第2章　素粒子の標準理論のはじまり　57

第3章　元素の起源　87

第4章　質量の起源　

第5章 力の起源　145

第6章 非対称性宇宙の起源——物質・反物質 185

第9章　宇宙の進化の起源　263

第10章 宇宙は安定か？ 279

第 1 章
宇宙は何でできているのか

われわれはどこから来たのか

『われわれはどこから来たのか　われわれは何者か　われわれはどこへ行くのか』。これは、フランスのポスト印象派の画家ポール・ゴーギャンによって19世紀終わりごろに描かれた絵画の題名です。人類は有史以前から、この疑問を抱き続けてきました。多くの思想家が考えを巡らせました。素晴らしい思い付きもありましたが、「考え」にすぎませんでした。

実はこの疑問への答えが、20世紀になってようやく明らかになってきました。そのきっかけは、「この宇宙は何でできているのか？」に対する答えが得られたことでした。20世紀の中ごろに行われた数々の実験によって得られたその答えは、「宇宙のすべてのものは素粒子でできている」です。本書では、研究を通して宇宙を構成するさまざまなことの起源を解明してきた素粒子の理論と、それとともにわかってきた宇宙の成り立ちを紹介し、ゴーギャンの問いに答え、今後の研究の展望をご紹介します。

第1章では本書の要である「素粒子とは何か」を、そして第2章では現在「素粒子の標準理論」と呼ばれている考えとその枠組みを紹介し、第3章から論じられる研究の最先端と今後の研究の展望への準備をします。

宇宙は何でできているのだろう？

「宇宙は何でできているのだろう？」。この根源的な疑問に、大昔からたくさんの人が思いを巡らせました。

古代ギリシャの哲学者たちは、この宇宙、つまり太陽や地球といったものが、何でできているのかを考えました。この宇宙は、火、水、土、空気でできていると考えた人もいましたし、どんどんと細かくしていくと、これ以上分割できないとても細かい粒に行きつくはずだと考えた人たちもいました。

中でも古代ギリシャの哲学者デモクリトスは、この宇宙にあるものはとても細かい粒でできていると考え、これ以上分割できない粒のことを「アトム」と名付けました。このアトムは、私たちが今、「原子」と呼んでいるものとは違い、彼の頭の中だけで考えられたものです。古代ギリシャ人には、ものをこれ以上分割できなくなるまで細かくしていく技術はなかったので、彼の頭の中だけでそう考え、信じたにすぎませんでした。

宇宙は何でできているのかという問題は、長い間、解決しないままでした。考えることはしてきたのですが、これ以上分割できない粒があったとしても小さすぎて実際に見ることができず、答えを決めることができませんでした。

原子仮説の登場

19世紀の初めに、イギリスの科学者ジョン・ドルトン博士が登場します。彼は、気体が小さな粒子でできていると考えれば気体の化学反応をうまく説明できることに気付き、「ものは原子でできている」と主張しました。

ただし、ドルトン博士も実際に原子を見たわけではありません。化学反応を考える単位として原子という考え方を取り入れると、化学反応の前後で重さが変わらない理由や反応の前後の量を説明できるので、原子があることにしようという「原子仮説」でした。

当時もまだ、この宇宙にあるものが、原子のような粒でできているのか、どこまで細かくしても最小の単位はなく連続で一様な存在が続くのかは、科学の世界を二分する大問題でした。ドルトン博士の原子仮説は化学反応を説明できましたが、ものはすごく小さな粒でできている、とみんなを納得させる証拠を示すことはできませんでした。

原子仮説から原子説への転換

この世界は粒でできているのか否か。この論争に決着をつけたのは、20世紀を代表する科学者の1人、ドイツ生まれのアルバート・アインシュタイン博士でした。さらさらと連続しているようにしか見えない水が、実は粒の集まりであることを示したのです。１８２７年にイギリスの植物学者ロバート・ブラウン博士によって発見された「ブラウン運動」の考察がきっかけでした。

ブラウン博士は、水に花粉を浮かべたとき、花粉から出てくる粒が水の中でブルブルと、せわしなく不規則に動くことを発見しました。それがブラウン運動です。ブラウン博士は最初、「何かの生命現象によってブルブルと動くのだろうか」と考えましたが、化石の粉、鉱物の粉、煙の粒などの生きていないものも同じように不規則に動くので、その理由がわからなかったのです。

アインシュタイン博士は１９０５年に発表した論文の中で、ブラウン運動が起こるのは動き回る粒の側に理由があるのではなく、水がとても小さな粒でできているからだと結論づけました。そう考えれば花粉から出てくる粒の不規則な運動が説明できる、と論文に著しました。

静かに止まっているように見えるコップの中の水も、もし水が小さな粒でできていたら、その粒は動き回っていることでしょう。コップの中の水の粒は、温度が高ければ激しく、低ければゆっくりと、絶えず動いています。水の粒がまるで「おしくらまんじゅう」のようにあちらこちらから押すので、花粉から出てくる粒がブルブルと不規則に動いているように見えるのだ、とアインシュタインは発表しました。

論文には、花粉の動きの観察から水の粒の大きさや数を予測する数式も記されていました。アインシュタイン博士の論文は、「この数式を実験で確かめて欲しい」との呼び掛けで終わっています。

アインシュタイン博士の呼び掛けに応じて、フランスの物理学者ジャン・ペラン博士が花粉から出た粒の運動を細かく記録し、水の粒の大きさや数を計算しました。この実験によって、水の粒が実際に存在していることや、ドルトン博士が示した原子仮説が正しいことが証明されたのです。ペラン博士は、この功績によって1926年にノーベル物理学賞を受賞しました。

ペラン博士の実験によって確認された水の粒の大きさは、1億分の1㎝ほどでした。18g（大さじ1杯ちょっと）の水の中には6・02×10^{23}個という、とてつもなくたくさんの粒が存在していることがわかりました。これは、他のどの実験よりも水の粒の数を正確に計算できていました。

こうしてアインシュタイン博士の論文とペラン博士の実験によって、ものをつくっている小さな粒、原子の存在が決定的になってくると、次に興味を引いたのが、その姿です。

原子はどのような形をしている？

原子の姿を考えるに当たり、アインシュタイン博士の論文が発表される少し前の19世紀終わりごろに、物理学史上とても重要な発見がありました。イギリスの物理学者ジョセフ・ジョン・トムソン博士による電子の発見です。ガラス容器に一対の電極を入れ真空にして電圧をかけると光る線がマイナス極から出ることが知られており、陰極線と呼ばれていました。トムソン博士は、電場をかけると陰極線が曲がることを見つけ、陰極線がマイナスの電気をもつ粒子であることを発見し、「電子」と名付けたのです。

私たちの生活に欠かせない電気。この電気の正体は、トムソン博士が発見した電子という粒子です。電化製品のスイッチを入れると電線を電気が流れます。その電線中を流れるのが電子です。電流はプラスからマイナスに流れると、小学校の理科で習いました。これは、まだ電子という電流の正体がわかっていなかったときに決められたことです。実際には、たくさんの電子が電線の中をマイナスからプラスに流れているのですが、私たちはそれを電子の流れと意識しないで使っています。私たちが便利だなと感じている現代の生活は、実は電子という粒子によって支えられていたのです。

アインシュタイン博士の論文とペラン博士の実験によって原子の存在が明らかになると、次にその形が問題になりました。すでにトムソン博士によって電子が発見されていたので、科学者たちは当然、原子の中には電子が入っていると考えました。ペラン博士の実験から計算された水の粒の大きさと、トムソン博士が実験で発見した電子の大きさを比べると、明らかに電子の方が小さいこと、そして電子はマイナスの電気をもっているということも、原子の形を考えるポイントになりました。

私たちの身の回りにあるものは、電気的には中性のものがほとんどです。本、ノート、机、いすなど、手で触れても電気が流れてはきません。それはプラスの電気とマイナスの電気が同数で、電気的に中性だからです。

マイナスの電気をもっている電子が存在しているということは、電子とは反対にプラスの電気をもっている何かがあって、電子とその何かが同数集まって原子をつくっている。だから、ほとんどのものが電気的に中性なのだ。そう考えられました。

たくさんの科学者が、原子はいったいどのような形をしているのかと考え、2つの候補に行きつきました。

1つはレーズンパン型モデルです。レーズンパンは、パン生地の中に小さなレーズンがたくさん入っています。原子もそれと同じように、プラスの電気をもったものの中に、マイナスの電気をもった小さな電子がたくさん入っているというものです。

もう1つが土星型モデルです。土星は、本体が中心にあり、その周りを環《わ》が回っています。土星の環の正体は、大きさが数mから数㎝の氷の粒の集まりであるといわれています。それからの類推で、原子には中心部分にプラスの電気をもった土星本体のような「核」があり、その周りを電子が回っていると考えられました。

どちらが正しいのかで大論争が起きました。そして、その論争に決着をつけたのも実験でした。

1911年に、イギリスで活躍したニュージーランド出身の物理学者アーネスト・ラザフォード博士が、金箔《きんぱく》に放射線の一種であるアルファ線をぶつける実験に基づいて原子模型を提唱しました。アルファ線はプラスの電気をもつ小さな粒子です。放射性物質から秒速約1万kmという速さで飛び出します。

原子がレーズンパンのような姿だったら、アルファ線はほぼすべて金箔を貫通すると予測されていました。

ところが実験すると、撃ち込んだアルファ線の中に大きく角度を変えて跳ね返ってくる粒子があったのです。ラザフォード博士もとても驚きました。アルファ線が大きく角度を変えたということは、金原子の中の何か小さくてかたいものにぶつかったからと考えられます。この実験により、土星型モデルのように、原子の真ん中にはプラスの電気をもつ小さくてかたい核があり、その周りを電子が回っていることがわかりました。そして、このプラスの電気をもつ核は「原子核」と名付けられました。

古代ギリシャのデモクリトスがその存在を主張したアトムは「これ以上分割することのできない粒子」という意味でしたが、20世紀になり、原子は電子と原子核とに分割できることがわかったのです。

原子と分子の違いをブロックで理解する

経済協力開発機構（OECD）が世界の15歳の生徒を対象に行っている「生徒の学習到達度調査（PISA《ピサ》）」で、「原子と分子の違いを述べよ」という問題が出たことがあったそうです。日本から参加した多くの生徒は、「分子は原子の組み合わせのことである」と答えました。この答えは正しいのですが、PISAが意図していた答えは、もう1つありました。「原子の種類は限られるが、分子の種類は無限である」というものです。日本から参加した生徒で、そう答えた人は少なかったそうです。

原子はブロック玩具の1個1個のようなもので、組み上げていくと、いろいろなものができます。そして、このブロック玩具に相当する原子は、これまでの研究から118種類あることがわかっています。身の回りにあるものをすべてバラバラにしていくと、118種類の原子のどれかなのです。

私たちの体や身の回りにあるノートやペン、そして遠く離れている星や銀河まで、すべてのものが118種類の原子でできています。しかし、原子が118種類あるからといって、原子がただくっつくだけでは、人間の体のような複雑なものをつくることはできません。

でも、いくつものブロックが組み合わさった基本パーツがたくさんあったらどうでしょうか。

そのいろいろな基本パーツを分解して組み立て直し、車や電車、飛行機などをつくることができます。無限に及ぶ種類の基本パーツを分解し組み立て直すことで、限られた種類のブロック（原子）の組み合わせ以上のいろいろな機能をもった個性あふれるものがつくれます。

私たちの体も、それと同じようにできています。いくつかの原子が集まって基本パーツとなり、いろいろな機能をもつようになります。その基本パーツが分子です。例えば、1個の酸素原子に2個の水素原子がくっつくと水分子になります。水分子になることで、100℃で沸騰し、0℃で凍るという性質が生まれます。

組み合わせる原子の種類や数によって、無限の種類の分子ができます。この分子がいくつも集まってもっともっと複雑な働きをするようになり、私たちの体などをつくっていきます。この仕組みがあるから、地球上には数え切れないほどたくさんの生物や物質が存在しているのです。だから、ＰＩＳＡでは「原子の種類は限られるが、分子の種類は無限である」も重要な答えであると考えたのでしょう。

ところで、118種類の原子は、どうやってくっつくのでしょうか。それはブロックをピタリとくっつける作業に当たります。これに相当するのが化学反応です。原子や分子は化学反応を起こすことによってお互いにくっついたり、使われている原子を入れ替えたりしながら新しい分子をつくっていきます。

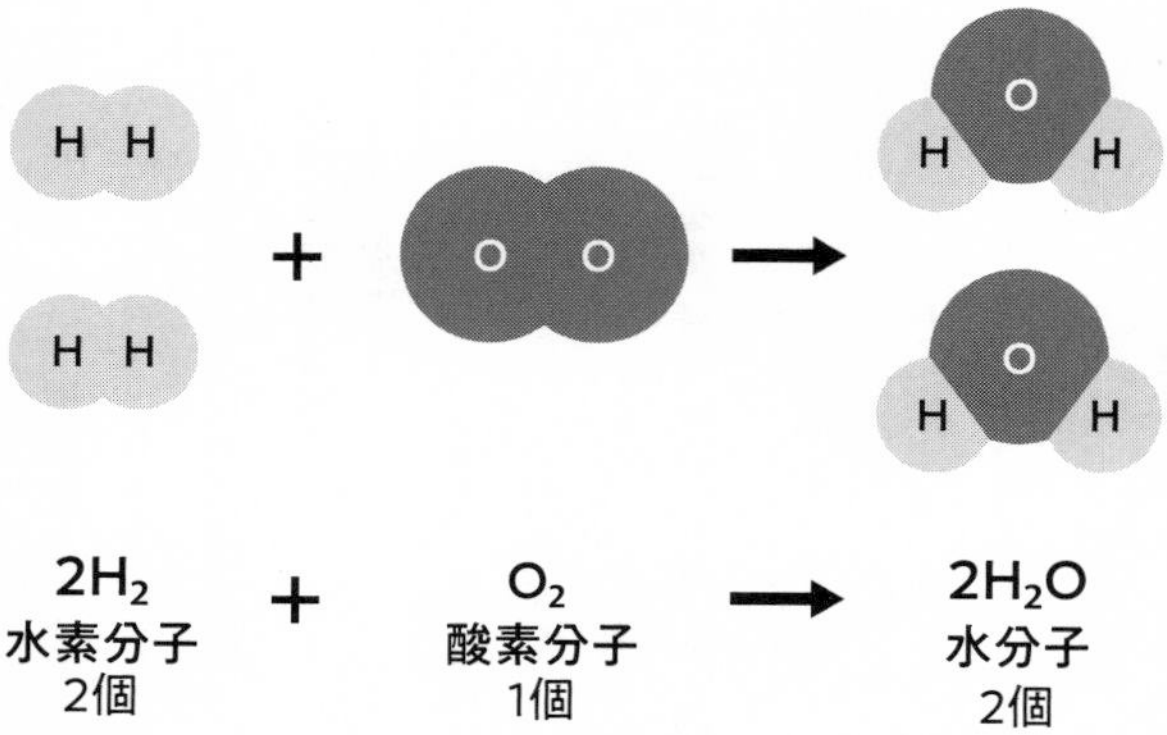

図 1-1 化学反応式
水素分子２個と酸素分子１個から水分子２個ができる

気体の水素は、２個の水素原子がくっついた水素分子（H_2）です。気体の酸素である酸素分子（O_2）も同じように2個の酸素原子がくっついてできています。水素分子2個と酸素分子1個が化学反応を起こすと、原子の組み換えが起きて2個の水分子（H_2O）ができます（図1-1）。

このように化学反応を起こすことによって新しい物質が生まれます。しかし、化学反応は、あくまでブロックである原子を組み換えているだけです。車や飛行機をつくったブロック玩具をいったんばらして船やオートバイをつくり直すようなもので、反応の前に材料がないと何もつくることができません。

たった3種類の粒で世界はできている

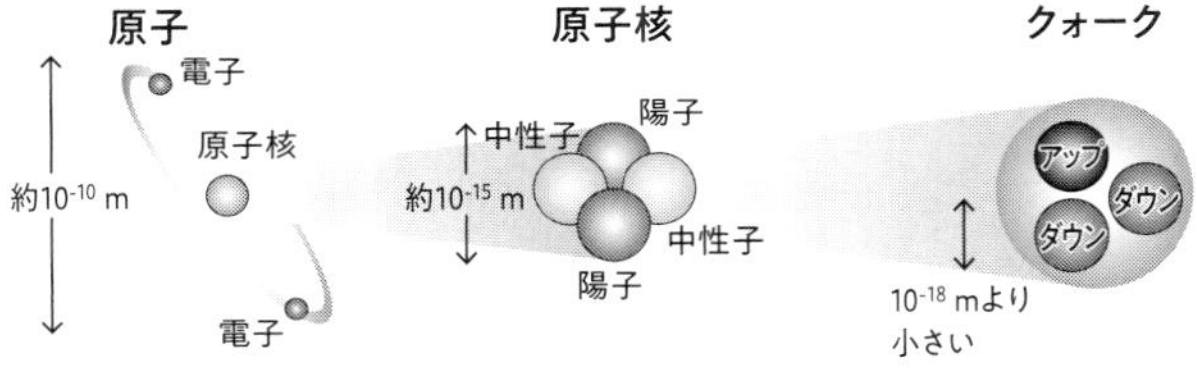

図　1-2　原子や原子核の内部構造とその大きさ

古代ギリシャの時代に考えられていたアトムは、これ以上分割することのできない究極の粒でした。ところが、１９００年代に実際に発見された原子は、原子核と電子に分けることができました。ラザフォード博士の実験で、原子は真ん中にプラスの電気をもった原子核があり、その周りをマイナスの電気をもった電子が回っていることがわかりました（図１－２左）。

しかも、原子核は原子の10万分の１くらいの大きさしかなく、そして原子の重さは、ほぼ原子核の重さであることもわかってきました。原子の大きさを東京ドームくらいにすると、原子核はマウンドに置かれたビーズ程度。その周りにある電子は、原子核よりもさらに小さいものです。

原子の中はものすごくスカスカな状態だったのです。私たちは誰も、自分の体がスカスカだとは思っていません。でも、ミクロの世界に入っていくことができたとすれば、私たちの体をつくる原子がとてもスカスカなことに気が付くことでしょう。

原子核もとても小さなものだったので、それ以上分割することはできないと思われていました。しかし、1919年に陽子が、1932年に中性子が発見されて、原子核がそれらの粒でつくられていることがわかりました（図1－2中）。

しかも、それで終わりではなかったのです。陽子も中性子も、その中をよく調べてみると、クォークというもっと小さい3つの粒がくっついてできていたのです（図1－2右）。陽子はアップクォーク2個とダウンクォーク1個、中性子はアップクォーク1個とダウンクォーク2個という組み合わせの違いはありますが、3個のクォークでできているということは同じです。つまり、原子核はアップクォークとダウンクォークの2種類のクォークだけでできていることがわかったのです。これに原子核の周りを回っている電子が加われば、原子ができます。

つまり、原子はアップクォーク、ダウンクォーク、電子の3種類の粒だけでつくられているのです。この3種類の粒が組み合わさることで、118種類の原子になります。結局のところ、この世界はたった3種類の粒からできていることになります。

学校で教えられなかった素粒子

原子をどんどん細かくしていくと、最後にはアップクォーク、ダウンクォーク、電子になります。この3つは今のところこれ以上細かくならないので、このような粒のことを「素粒子」と呼びます。原子は素粒子でできているので、私たちの体や身の回りにあるものは全部、素粒子でできていることになります。中学校の理科では、「すべてのものは原子でできている」ということは習いますが、「素粒子でできている」ということまでは習いません。そのため、素粒子と聞いても、ピンと来る人があまりいないのでしょう。原子と素粒子はまったく違うものだと思っている人もいるくらいです。

人類は、この宇宙のすべてのものはアトムからつくられていると想像して、実際に20世紀の初めに原子を探し当てたわけですが、世界にはそれよりも小さくて根本的な粒があったのです。原子という名前はすでに使っているので、「素粒子（elementary particle）」と別の名前にして混乱を回避しました。図１－２右にあるように素粒子クォークの大きさは10^{-18}mより小さいとしかわかっていません。同じように原子核の周りを回っている電子の大きさも10^{-18}mより小さいとしかわかっていません。

もう一度整理しておくと、原子は３種類の素粒子からできていて、その原子が集まっていろいろなものがつくられています。素粒子は身の回りのものをつくる一番基本となる粒です。ちなみに、素粒子の「素」というのは、「これ以上分割することができない」という意味の漢字です。デモクリトスのアトムの意味とよく似ていますね。

「すべてのものが素粒子でできているのだったら、学校でもそう教えればいいのに」と思う人もいるかもしれません。でも、素粒子については、まだまだわかっていないことがたくさんあります。素粒子の種類については、1960～1970年代に理論的には予測されていましたが、本当にあると確認できたのは、つい最近のことです。例えば、2008年にノーベル物理学賞を受賞した小林誠博士と益川敏英博士は、1973年にクォークが6種類あると予測したのですが、実際に6種類が見つかったのは1995年でした。また、2012年7月に発見が伝えられたヒッグス粒子の存在は、1964年にイギリスのピーター・ヒッグス博士やベルギーのフランソワ・アングレール博士らによって予想されていました。

発展中の内容なので、学校ではまだ教えられないということなのでしょう。

原子がものの個性を決めている

もはや最も基本的な存在ではない原子ですが、それでも原子は重要です。というのも、ものが原子よりも細かくなると、ものとしての個性を失います。原子の種類によって、重さや他の原子とのくっつきやすさ、壊れやすさ、沸点・融点などといった性質が変わってきます。ものを燃やす酸素やかたい鉄といった性質を決めているのは、原子です。原子に現れる性質によって分子がつくられ、化学反応を起こすようになり、私たちの体や身の回りのものになっていきます。

ですから、原子がものの基本的な単位であるというのは間違いではありません。私たちになじみのある性質が現れるのが原子という単位からで、私たちの目に触れるすべてのものは118種類の原子の組み合わせなのです。

118種類の原子は、性質が似ているいくつかのグループに分けることができます。原子をグループ別にまとめたものが「周期表」です（図1－3）。原子を重さが小さなものから順番に見ていくと、似たような性質のものが周期的に現れることから、そう呼ばれています。

この周期を生み出すもとになっているのが、それぞれの原子をつくっている電子の配置です。原子の中では原子核を中心にして、いくつかの電子が何重にも取り囲んで回っています。子供の遊び「かごめかごめ」は一重の輪をつくるだけですが、原子の中では電子が何重もの輪をつくって、「かごめかごめ」をやっているようなものです。

一番外側の輪（最外殻）を回っている電子の数が、原子の化学的な性質に大きく関わっています。一番外側の輪を回っている電子を「価電子」と呼び、その数が同じ原子同士は似たような化学的性質をもつようになります。周期表では縦の列に似ているものが並ぶように配置されているので、縦のグループにどのような原子があるのかが重要です。周期表の縦の列を「族」と呼びます。

周期表の一番左の列に位置する水素やナトリウムなどが属する第1族は、価電子が1個しかなく、電子は他の原子に移りたがります（図1－4）。逆に、右の方の列に位置するフッ素や塩素が属する第17族の原子は、電子があと1個入ってくれれば一番外側の輪を満員にできるので、な

周期＼族	1	2	3	4	5	6	7	8	9	10	11	12	13	14	15	16	17	18
1	1H 水素 1.008																	2He ヘリウム 4.003
2	3Li リチウム 6.94	4Be ベリリウム 9.012											5B ホウ素 10.81	6C 炭素 12.01	7N 窒素 14.01	8O 酸素 16.00	9F フッ素 19.00	10Ne ネオン 20.18
3	11Na ナトリウム 22.99	12Mg マグネシウム 24.31											13Al アルミニウム 26.98	14Si ケイ素 28.09	15P リン 30.97	16S 硫黄 32.07	17Cl 塩素 35.45	18Ar アルゴン 39.95
4	19K カリウム 39.10	20Ca カルシウム 40.08	21Sc スカンジウム 44.96	22Ti チタン 47.87	23V バナジウム 50.94	24Cr クロム 52.00	25Mn マンガン 54.94	26Fe 鉄 55.85	27Co コバルト 58.93	28Ni ニッケル 58.69	29Cu 銅 63.55	30Zn 亜鉛 65.38	31Ga ガリウム 69.72	32Ge ゲルマニウム 72.63	33As ヒ素 74.92	34Se セレン 78.97	35Br 臭素 79.90	36Kr クリプトン 83.80
5	37Rb ルビジウム 85.47	38Sr ストロンチウム 87.62	39Y イットリウム 88.91	40Zr ジルコニウム 91.22	41Nb ニオブ 92.91	42Mo モリブデン 95.95	43Tc テクネチウム (99)	44Ru ルテニウム 101.1	45Rh ロジウム 102.9	46Pd パラジウム 106.4	47Ag 銀 107.9	48Cd カドミウム 112.4	49In インジウム 114.8	50Sn スズ 118.7	51Sb アンチモン 121.8	52Te テルル 127.6	53I ヨウ素 126.9	54Xe キセノン 131.3
6	55Cs セシウム 132.9	56Ba バリウム 137.3	57～71 ランタノイド	72Hf ハフニウム 178.5	73Ta タンタル 180.9	74W タングステン 183.8	75Re レニウム 186.2	76Os オスミウム 190.2	77Ir イリジウム 192.2	78Pt 白金 195.1	79Au 金 197.0	80Hg 水銀 200.6	81Tl タリウム 204.4	82Pb 鉛 207.2	83Bi ビスマス 209.0	84Po ポロニウム (210)	85At アスタチン (210)	86Rn ラドン (222)
7	87Fr フランシウム (223)	88Ra ラジウム (226)	89～103 アクチノイド	104Rf ラザホージウム (267)	105Db ドブニウム (268)	106Sg シーボーギウム (271)	107Bh ボーリウム (272)	108Hs ハッシウム (277)	109Mt マイトネリウム (276)	110Ds ダームスタチウム (281)	111Rg レントゲニウム (280)	112Cn コペルニシウム (285)	113Nh ニホニウム (278)	114Fl フレロビウム (289)	115Mc モスコビウム (289)	116Lv リバモリウム (293)	117Ts テネシン (293)	118Og オガネソン (294)
			ランタノイド	57La ランタン 138.9	58Ce セリウム 140.1	59Pr プラセオジム 140.9	60Nd ネオジム 144.2	61Pm プロメチウム (145)	62Sm サマリウム 150.4	63Eu ユウロピウム 152.0	64Gd ガドリニウム 157.3	65Tb テルビウム 158.9	66Dy ジスプロシウム 162.5	67Ho ホルミウム 164.9	68Er エルビウム 167.3	69Tm ツリウム 168.9	70Yb イッテルビウム 173.0	71Lu ルテチウム 175.0
			アクチノイド	89Ac アクチニウム (227)	90Th トリウム 232.0	91Pa プロトアクチニウム 231.0	92U ウラン 238.0	93Np ネプツニウム (237)	94Pu プルトニウム (239)	95Am アメリシウム (243)	96Cm キュリウム (247)	97Bk バークリウム (247)	98Cf カリホルニウム (252)	99Es アインスタイニウム (252)	100Fm フェルミウム (257)	101Md メンデレビウム (258)	102No ノーベリウム (259)	103Lr ローレンシウム (262)

原子番号 ― 6C 炭素 12.01 ― 元素記号／元素名／原子量

※(　)は、安定同位体がない元素の放射性同位体の質量数の一例

図 1-3 | 元素の周期表

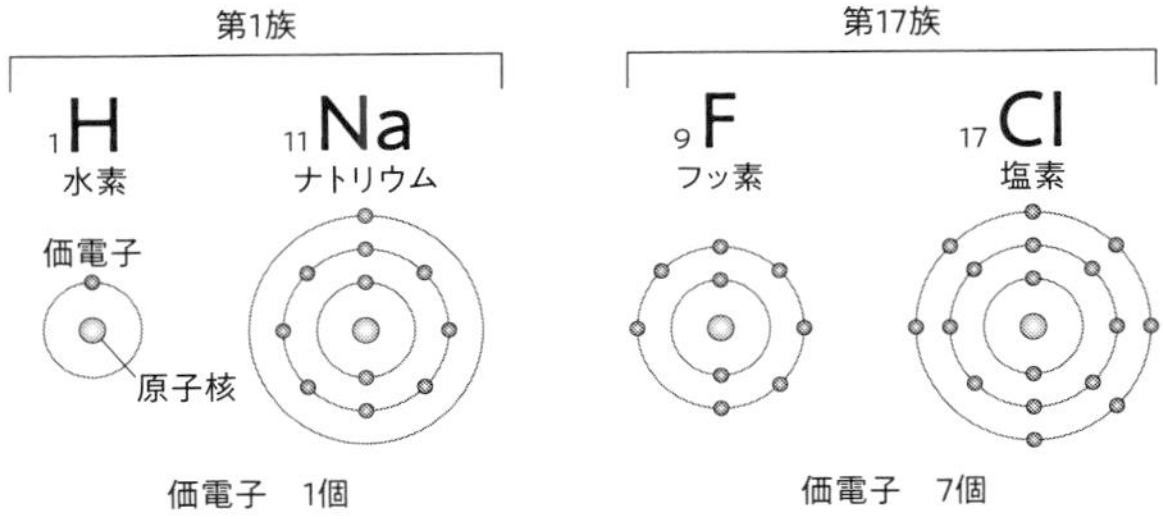

図 1-4 原子の電子配置図
第1族の原子は価電子（最外殻にある電子）が1個で、その電子は他の原子に移りたがる。第17族の原子は価電子が7個で、最外殻を満員にするために他の原子から電子を入れたがる

んとか満員にしようと、他の原子から電子を引っぱり込もうとします。

このように、ある原子では電子が他の原子に移りたがり、別の原子では電子を入れたがっています。このような原子たちが出会い、電子をやり取りすることで化学反応が起きます。だから、周期表を見るだけで、その原子がどのような化学的性質をもつかがわかるのです。

これまでずっと「原子」という言葉を使ってきましたが、周期表では「元素」という言葉を使います。実は、同じ水素や酸素の中にも兄弟のような原子がいる場合があります。佐藤さんに兄弟がいたとすると、同じ佐藤さんでも、見た目や性格はちょっと違いますよね。兄弟の関係にある原子は、陽子と電子の数は同じですが、中性子の数が異なります。電子の数が同じなら化学的性質は同じですが、中性子の数が異なれば物理的性質が違ってくるので、違う原子です。原子といった場合、その兄弟は厳密に分けて考えるのですが、元素という場合には、同じ家族の一員とみなします。

ここでまた、おさらいをしましょう。原子をより細かくして、素粒子にまで分けてしまうと、もう原子の性質はまったく無関係になります。例えば、水素原子から取り出したものであろうが、酸素原子からのものであろうが、電子は電子。見た目も性質も変わらない素粒子になってしまいます。こうなってしまうと、私たちになじみのある性質はなくなり、日常生活での感覚からは遠くなります。

一番利用してきた小さな粒

さて、電子についてもう少し詳しくお話ししておきましょう。

前に触れたように、毎日使っている電気の正体は、電子の流れでした。電気が流れやすいものといって、まず思い浮かべるのは、金属でしょう。では、金属はどうして電気を流しやすいのでしょうか?

その理由は、金属の中ではたくさんの原子の間を電子が自由に動けるので、両端に電圧をかけると電子の流れをつくることができるからです。この電子の流れが、電流です。電子は、人類が初めて発見した素粒子です。原子が本当に存在するとわかる前に発見したと話しましたが、そのくらい電子は見つけやすく、使いやすい素粒子です。

金属に電圧をかけることで、すぐに1方向に電流をつくることができます。それに加えて、スイッチのオン・オフで電流を流したり、切ったりすることも簡単です。コントロールしやすい上に、19世紀前半には電気を使ってものを動かすモーターなども発明されたことで、電気は一気に生活の中で役に立つ存在になりました。

電子はコントロールしやすいだけでなく、電子そのものを取り出すことも簡単にできます。なんと、金属を温めるだけでOKです。温めると、金属の中で自由に運動している電子が外に飛び出してくるのです。蛍光灯が光るのも、実はこの原理で電子が飛び出してくるからなのです。

今の時代、朝起きてから寝るまで電気を使わないで過ごすことはできません。使わないようにしようと思っても、どこかで何らかの形で電気を使います。電子が大活躍できる大きな理由の1つとして、原子の構造があります。原子はプラスの電気をもった原子核がマイナスの電子を引き寄せています。氷の粒からなる環が土星の周りを回っているように何もない空間の中を電子が動いているので、電圧や熱といったエネルギーをかけることで、電流が流れたり、電子が飛び出したりします。

もし、原子核のように電子を引き寄せるものがなかったら、電子は1つの場所にとどまることができずに、あちこち飛び回っていたでしょう。人類が電子を自由に使いこなせたのは、電子が原子の中にとどまっていて、かつ簡単に動かすことができるからです。ただ、いろいろなところを飛び回っているだけだったら、たくさんあっても、私たちの役に立つような使い方はできなかったでしょう。

空から降ってくる「地球外物質X」

私たちは原子でできていて、その原子をどんどん細かくしていくと、アップクォーク、ダウンクォーク、電子という3種類の素粒子にまで分解できることは、すでにお話ししました。私たちの身の回りのものはすべて、この3種類の素粒子からできています。では、この宇宙はアップクォーク、ダウンクォーク、電子の3つだけでできているのでしょうか。

実は、この宇宙にはもっとたくさんの素粒子が存在しています。ものをつくっている素粒子は3種類だけなのですが、何もないと思っていた空間をよく調べてみると、いろいろな素粒子が飛んでいたのです。

これらの素粒子は、宇宙からやってくる放射線（宇宙線）が大気中の窒素や酸素などの原子核にぶつかることでつくられます。このようにしてつくられる素粒子の1つがミューオン（ミュー粒子）です。

普段の生活ではまったく聞かない名前です。実は、発見した当時の物理学者たちも「何だ、それは⁉」と思いました。というのも、ミューオンはものをつくるのにはまったく関係なく、何に使われているのかがわからなかったからです。ミューオンの役割があまりにもわからなかったために、高名な物理学者が「いったい誰がこんなものを注文したのだ」と叫んだというエピソードがあるくらいです。

ミューオンは、電子より200倍も重い粒子です。重さ以外は電子と同じ性質をもっています。宇宙線が大気にぶつかって、たくさんのミューオンがつくられ、たくさんのミューオンが、この地上に降ってきています。このミューオンもこれ以上細かくならない素粒子で、大きさは電子やクォークと同じように、10^{-18}mより小さいとしかわかっていません。

ミューオンは、1cm^2当たり毎分1個の割合で地上に降ってきていて、私たちの体を通過していきます。もし、ミューオンを見ることができる「ミューオンめがね」があれば、私たちの手のひらを1秒に1個ぐらいの割合で、ポツ、ポツと雨粒のように通過するミューオンを見ることができるでしょう。ミューオンは、電子に変化するという性質があるために、すべて電子に変わってしまいます。

地上で観測される素粒子は、ほとんどが宇宙線と大気がぶつかってできます。地球と宇宙の境目あたりでつくられるので、厳密に言うと、宇宙から降ってくる物質ではありません。

宇宙からの物質が直接地上にやってこないのは残念な気もしますが、そのおかげで地球は守られているとも言えます。宇宙線は、とてもエネルギーが高い放射線の一種です。そのままの状態で地上までやってくると、生物の遺伝子を傷つけてしまい、その傷が多くなると生物は生きていけません。大気とぶつかってたくさんの素粒子ができることで、エネルギーが低くなり、私たちが暮らせるようになっています。

では、遠い宇宙から降ってくる地球外物質は、まったくないのでしょうか？　あります。ニュートリノです。

2002年にノーベル物理学賞を受賞した小柴昌俊博士は、大マゼラン雲で誕生したニュートリノを地球上で観測することに成功しました。ニュートリノは、この宇宙にあるほとんどの物質を通り抜けることができて、しかも寿命が長い（他の素粒子に変化しない）ので、はるか彼方の宇宙の様子を知る手掛かりになることからも注目されています。ちなみにニュートリノは、ミューオンとは比べものにならないほどたくさん地上に降り注いでいます。その数は1㎠当たり毎秒660億個。私たちの体を通過するのは毎秒600兆個にもなります。だから、「ニュートリノめがね」をつくることができれば、ゲリラ豪雨のようにニュートリノが地上に降っている様子を目にすることになるでしょう。このニュートリノもまた、大きさがわかっていない素粒子なのです。

数々のノーベル賞を生んだ「魔法の箱」

宇宙線でつくられる粒子はミューオンだけでなく、湯川秀樹博士が予測した中間子などもあります。中間子はクォークと反クォーク（後述します）の組み合わせでできている粒子で、名前は電子と陽子の中間の重さだったことに由来します。これらの粒子を観測することで、素粒子の世界がだんだんとわかってきました。ただし、宇宙線でつくられた粒子たちは、私たちのそばをいつも飛んでいるのですが、目で見ることはできません。これらの粒子を見るには特別な装置が必要です。

実は、宇宙線でつくられる粒子を見ることに初めて成功したのは、気象学者でした。イギリスの気象学者チャールズ・ウィルソン博士が、実験室で雲や霧を再現する箱形の装置をつくったところ、その中を白い筋状のものがたくさん飛ぶのが見えたのです。それが、宇宙線でつくられた電気を帯びた粒子でした。

この箱の中には、とても冷やされた水蒸気がたくさん入っています。そこに電気を帯びた粒子が飛んでくると、その粒子が空気を蹴散らすことで電気のトンネルがつくられます。電気のトンネルに集まってきた水蒸気が小さな水滴になり、粒子の軌跡をなぞる飛行機雲のようなものが見えるのです。この装置は、「ウィルソンの霧箱」と名付けられました。

ウィルソンの霧箱の原理はとても簡単で、身近なものを使って簡単につくることができます。私たち高エネルギー加速器研究機構（ＫＥＫ）の出張授業でも、この霧箱をつくって観察するプログラムがあります。

でも霧箱が発明された当時は、たくさんの物理学者が驚きました。顕微鏡でも見ることのできない小さな粒子を見ることができたからです。実際には、粒子そのものではなく、小さな粒が通過した跡（飛跡）が見えるのですが、飛跡の密度から電荷を算出でき、磁石を使って飛跡の曲がり具合から粒子の勢いがわかります。このように工夫をすれば必要な情報を十分に得ることができることから、人類は粒子そのものを観測できなくてもいいのだと気が付きました。

最初に素粒子を観測した装置が霧箱でしたが、その後、飛跡の通過位置や時刻をより正確に記録するために電気信号を利用するなどと発展し、現代の素粒子測定器につながっています。ウィルソン博士は、この霧箱の発明によって１９２７年にノーベル物理学賞を受賞しました。

ウィルソンの霧箱は、物理学の歴史を通じて最も独創的な装置といわれています。それは、この装置により数々の重要な発見がなされたからです。

まず1つは、アメリカの物理学者カール・デイヴィッド・アンダーソン博士による陽電子の発見です。陽電子とは電気的な性質だけが反対になっている電子のことです。電子はマイナスの電気をもっているので、陽電子はプラスの電気をもっています。それ以外の性質は電子とまったく同じという、変わった粒子でした。プラスの電気をもつ陽電子の存在は１９２８年にイギリスの物理学者ポール・ディラック博士が予測していたのですが、アンダーソン博士が１９３２年に発見するまでは、本当に存在するとはあまり信じられていませんでした。地球上では発生してもすぐに消えてしまうので、誰も気付かなかったのです。

ところが、当時27歳のアンダーソン博士が霧箱を使って陽電子の飛跡の写真を発表したことで物理学の常識が書き換わり、世界の物理学者の間で大騒ぎになりました。アンダーソン博士は、霧箱を使って撮影したこの1枚の写真のおかげで、１９３６年にノーベル物理学賞を受賞しました。そしてまた、陽電子の存在を理論的に予測したディラック博士自身はアンダーソン博士が陽電子を発見した翌年の１９３３年にノーベル物理学賞を受賞しています。

図１-５はアンダーソン博士が論文に発表した、霧箱を使って陽電子を発見したときの写真です。アンダーソン博士は霧箱の中央に６㎜の鉛の板を置きました。霧箱が捉えた陽電子の飛跡は、左下から左上に伸びる髪の毛のような細い線です。霧箱全体が磁場の中に入れられているので、荷電粒子の飛跡は曲げられます。鉛の板を通過した後は荷電粒子は勢いを落とすので、曲がり具合が大きくなります。この写真では、荷電粒子が左下から入って左上に抜けたことがわかるのです。記録された荷電粒子の飛ぶ向きが判明したので、磁場情報からこの荷電粒子はプラスの電気をもつことが判明しました。また、撮影された荷電粒子が形成した飛跡の密度から電荷の大

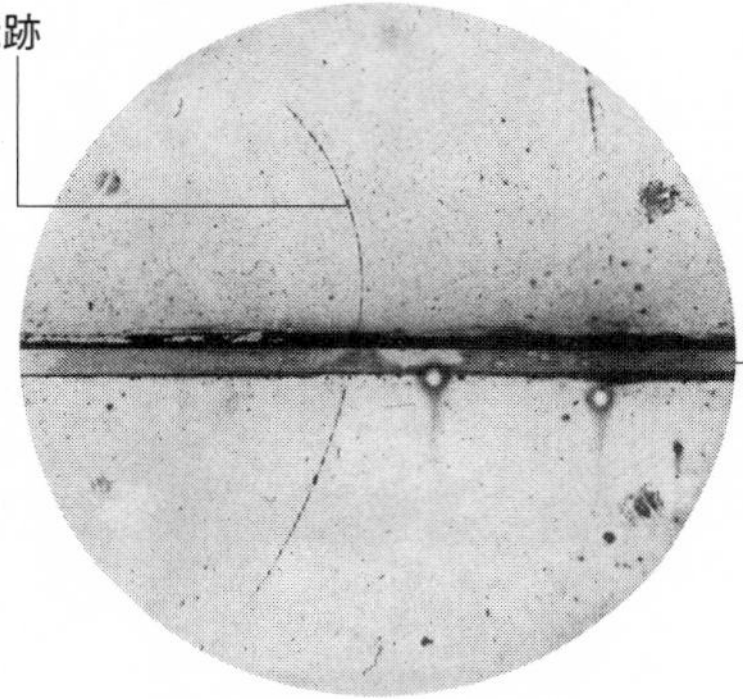

図 1-5 アンダーソン博士が霧箱を使って撮影した陽電子の飛跡
Anderson C.D., *Physical Review* 43（1993）より

きさがわかり、電子のもつ電荷の絶対値に一致したのです。

対で生まれる素粒子

アンダーソン博士が発見した陽電子は、実は、人類が初めて出会った「反物質」でした。反物質というのは、普通の物質と電気的な性質が反対の物質のことです。

陽電子は、マイナスの電気をもっている電子の反物質になるので、プラスの電気をもっていて、その他の性質は電子とまったく同じです。電気の性質さえ関係なかったら見分けがつきません。なぜ、そんな粒子がこの世界に存在するのかというと、それは素粒子の生まれ方に関係があります。

ものをつくるのに関わっている電子やクォークなどの物質素粒子は、基本的に独りぼっちで生まれることはありません。いつも自分とパートナーになる反物質と一緒に生まれます。

　後から詳しくお話ししますが、素粒子のもととなるのはエネルギーです。何もないように見える場所でも、エネルギーがあれば素粒子が生まれます。でも、電気を帯びた素粒子が1個だけ生まれてしまうと、電気の量のバランスが崩れてしまいます。そのバランスを保つために、その素粒子と電気的な性質が反対の、対になる反物質が生まれる仕組みになっています。

　一緒に生まれた素粒子と反物質は、とても仲良しなので、消滅するときも一緒です。電子と陽電子のように、その素粒子と対になる反物質がぶつかると、消えてなくなってしまいます。合体してエネルギーになってしまうのですね。このように素粒子が反物質と一緒に生まれることを「対生成」、一緒に消滅することを「対消滅」と言います。

　イギリスのパトリック・ブラケット博士は、光が電子と陽電子に変化する現象を見つけました。光は電気をもっていないので、霧箱で観察してもその飛跡を見ることはできません。でも、電子や陽電子が通ると飛跡が見えます。

　ブラケット博士は、何もなかったところから、突然、2本の飛跡が生まれる現象を発見しました。しかも、その2本の筋は磁力をかけると逆方向に曲げられたことから、マイナスの電気をもった電子と、プラスの電気をもった陽電子だということがわかりました。つまり、ブラケット博士は、電子と陽電子が対生成する瞬間を撮影したのです。霧箱を使ったこの対生成現象の確認に対して、1948年にノーベル物理学賞が贈られています。

素粒子をつくるマシーン「加速器」

霧箱によって、素粒子の観測が進みましたが、それでも自然の世界で観測することができる素粒子は限られていました。宇宙線と大気の衝突でたくさんの素粒子が生まれる場所とタイミングをあらかじめ知ることはできないので、霧箱で素粒子を見つけるのはとても難しいのです。

それまでに発見されたもの以外にも素粒子があるとする予測があったことから、確実に素粒子を見る方法はないかと考え、たどり着いたのが「加速器」です。加速器とは、その名の通り、電子などの電気を帯びた粒子を加速する装置です。加速器で身の回りにたくさんある電子や陽子などを加速して、他の粒子とぶつけることで、新しい粒子をつくり出すことができるのです。宇宙線が大気中の原子核とぶつかることでミューオンができるのと同じことを、加速器を使ってやってみようというアイデアです。

その狙い通り、加速器を用いて自然のままの世界では普段は観測することのできない素粒子をたくさん見つけることができました。つまり、加速器を使って、新しい素粒子をつくってしまったというわけです。

でも、なぜ、そんなことができるのでしょう？　その秘密は、素粒子の対生成にあります。何もないように見えるところでもエネルギーがあれば、素粒子をつくることができます。この原理を最初に提唱したのが、あのアインシュタイン博士です。アインシュタイン博士といえば、

$$E=mc^2$$

という式がすぐに思い浮かぶ人も多いでしょう。

この式こそが、まさに素粒子がエネルギーから生まれることを物語っています。Eはエネルギー、mは粒子の質量です。そして、cは光の速さを示す記号です。光は１秒間に約30万㎞、地球7周半ぐらいの距離を進むので、cはとても大きな数字です。

$E=mc^2$という式は、エネルギーと質量がイコールで結ばれているので、同じものだと言っています。このイコールの意味はとても強く、計算したら同じ値になるということだけでなく、同じものなので左辺になったり右辺になったりできるのです。つまり、エネルギーを質量に変えたり、質量をエネルギーに変えたりすることも可能だというわけです。

ただし、この現象は、私たちの身の回りではあまり頻繁に起きません。その理由はcにあります。さきほども話したように、cはとても大きい数です。しかもそれが2乗になっているので、ものすごく大きい数をかけないと式が成り立ちません。たとえ、たった0・1ｇのものをつくるとしても、ものすごく大きなエネルギーが必要なのです。

逆にいえば、この式は大きなエネルギーさえあれば質量、つまり重さをもったものをつくることができることを示しています。そこで、加速器によって粒子を光に近い速さにまで加速し、さらに他の粒子とぶつけることで、大きなエネルギーをつくるのです。大きなエネルギーを発生させれば、自然界では見ることのできない素粒子をつくることができます。

しかも、円型の加速器は光速に近い粒子を何度も繰り返してぶつけることができるので、素粒子をたくさんつくることができ、観測が難しい素粒子を捉えられる可能性が高くなります。実際、加速器で、アップクォーク、ダウンクォークに加えてストレンジクォークを含む粒子も発見しました。2012年7月に発見したヒッグス粒子も加速器でつくられた素粒子でした。

人類は、この100年ほどの間にたくさんの素粒子を見つけてきました。でも、実際に生活に関係しているのは、ほんの一部の素粒子です。アップクォーク、ダウンクォーク、電子の3つは、私たちの体やたくさんのものをつくっているので、役立っていると言えます。加速器で素粒子をつくるにはとても大きなエネルギーが必要で、しかも、つくられたとしてもアッと言う間もなく、すぐに質量が小さなアップクォーク、ダウンクォーク、電子に変化してしまいます。それでも、大きな質量の素粒子の存在を解明することで、宇宙がもつ素粒子の世界の全体像を捉えることができます。

素粒子の質量の単位、電子ボルト（eV）とは

大きな質量の素粒子、小さな質量の素粒子の話になったので、ここで素粒子の質量についてまとめておきましょう。電子の質量は $9.1093837 \times 10^{-31}$ kg です。とても小さい質量です。素粒子物理学はとても小さな質量の粒子を扱うので、日常的に使っているkgという単位で表すのは不便です。質量とエネルギーが本質的には同じものであるということから、素粒子物理学では素粒子の質量を表すのに、エネルギーの単位を流用します。

高校の物理で学んだエネルギーの単位はジュール（J）でした。重さをkg、長さをm、時間を秒（sec）で表す国際単位系（SI単位系）で電子の質量を示してみましょう。$E = mc^2$ という式にしたがって、電子（e）の質量（m_e）に光速を2回かけると、静止している電子のエネルギーの値が得られます。電子の質量は $9.1093837 \times 10^{-31}$ kg、光速は 299792458 m/sec なので、静止している電子のエネルギーは $8.1871057769 \times 10^{-14}$ J となります。

加速器で加速することを考えて、エネルギーの単位を次のように定義します。電気素量（電子1個の電荷の絶対値）をもつ荷電粒子が、真空中で1ボルト（V）の電位差を抵抗なしに通過するときに得るエネルギーを1電子ボルト（eV）とします。

2019年のSI基本単位の改定で電気素量が正確に定義され、1eVの値は $1.602176634 \times$

10^{-19}Jです。このeVの単位で電子の質量を表すと、次のようになります。

$$m_e c^2 = 8.18710577769\times10^{-14}\,\mathrm{J}/1.602176634\times10^{-19}\,\mathrm{J}$$
$$=0.51099895000\times10^{6}\,\mathrm{eV}$$
$$=0.51099895000\,\mathrm{MeV}$$

そこで電子の質量を素粒子物理学では、「電子の質量は０・５１１ＭeV（メブ）」と言います。Ｍはmegaで、１００万倍を表します。陽子の質量は、電子の約２０００倍の1.67262192×10^{-27}kgで、eVで表すと９３８ＭeV＝０・９３８ＧeV（ジェブ）です。Ｇはgigaで、10億倍を表します。つまり陽子の質量は約１ＧeVです。ヒッグス粒子の質量は125.25±0.17GeVです。世界最大のエネルギーで実験している欧州合同原子核研究機構（ＣＥＲＮ）の大型ハドロン衝突型加速器（ＬＨＣ）の陽子加速エネルギーは７ＴeV（テブ）です。Ｔはteraで１兆倍を表します。飛んでいる蚊のおよその運動エネルギーが１ＴeVです。７ＴeVというのは意外と小さいと感じられるかもしれませんが、その大きさのエネルギーを空間の１点に集中させることができるのはＬＨＣ実験だけなのです。後に出てくる大統一理論で３つの力が統一されると期待されるエネルギーが10^{16}（１京）ＧeVです。これはマグニチュード１・６６１の地震のエネルギーに匹敵します。

第1章では、すべてのものをつくっている原子が、大きさを測ることができないほど小さな素粒子からできていることを知りました。ものをつくる以外の素粒子があってそれが宇宙から降ってきていること、また人類は加速器という装置で素粒子をつくって観測していることも知りました。

素粒子はなじみがないと思いがちですが、実は電子など身近なものであることもおわかりいただけたでしょうか。そもそも、私たちの体も3種類の素粒子でできているのです。第2章では、ものをつくる以外の素粒子についても詳しく紹介していきましょう。

第2章
素粒子の標準理論のはじまり

世界に存在する4つの力

ここまで、この宇宙にあるものは素粒子でつくられているという話をしてきました。でも、宇宙は「もの」だけではできていません。例えば、サッカー場にボールを持って選手が集まっただけでは、サッカーの試合をしたことにはなりません。ドリブルして、パスして、シュートをすることで、サッカーをしたと言えます。このドリブルして、パスして、シュートしてという動きについて、ここまでまったく触れてきませんでした。この動きを生み出す作用を「力」と呼びます。

この宇宙では、ものだけがあっても、力が働かないと何も起きません。力と聞いて、皆さんはいろいろな力を思い浮かべると思います。ボールを蹴ったり、ゴールに点が入らないようにボールを止めたりする力。ボールを投げたり、バットで打ったりする力。鉛筆の芯を折ってしまう力。「おしくらまんじゅう」をする力もあるでしょう。私たちはいろいろな種類の力を使っている、と思っています。

でも、本当にたくさんの種類の力を使っているかというと、そうではないのです。この宇宙に働いている力を整理していくと、作用ごとに分類できることがわかりました。そして、最終的に残ったのは4種類。その4つの力を順に見ていきましょう（表2－1）。

力の種類	対象	大きさ（電磁気力を1とする）	力を伝える素粒子
電磁気力	荷電粒子	1	光子
弱い力	レプトン・クォーク	1000分の1	W粒子・Z粒子
強い力	クォーク	100倍	グルーオン
重力	すべてのもの（引力のみ）	10^{-38}	重力子（未発見）

表 2-1 ｜ 4つの力の大きさと、それぞれの力を伝える素粒子

まず、私たちが一番お世話になっているのが電気の力と磁気の力を統括して捉えた「電磁気力」です。私たちは24時間365日、一瞬たりともこの力を使わないときはありません。

私たちの身の回りにあるものはすべて原子でできています。実は、原子が分子としてくっついていることができるのも、電磁気力のおかげです。ものに触れて蹴ったり、止めたりと力を加えるときにはすべて、この電磁気力が働きます。もちろん、「おしくらまんじゅう」のときも、鉛筆の芯を折るときも、日常生活で私たちがものに関わるときはたいがい、この力が働いています。

寝ているときは、何も力がかかっていないのでは？　果たしてそうでしょうか。寝ているときでも、ベッドや布団と接していますから、そこではやはり電磁気力が働いています。しかも、ベッドや布団が動かないで止まっているのは、ベッドや床との間に摩擦が働いているからです。この摩擦も、床

と布団の間に電磁気力がかかることで発生しています。

私たちがご飯を食べて動き回るとき、食べ物から吸収したエネルギーは最終的に電気になって筋肉を動かします。また、目や耳などで捉えた情報は電気信号の形になって脳に運ばれますし、考え事をしているときも、神経細胞の中を電気が走ります。こう考えると、さまざまな場面で電磁気力に仕事をしてもらっていることがわかります。私たちは実に電磁気力をたくさん使っています。

私たちが普段接している力は、電磁気力の他にもう1つあります。それは地球からの「重力」です。

重力はイギリスのアイザック・ニュートン博士が発見したことで有名です。ニュートン博士はリンゴが落ちる様子を見て、重力を発見したといわれています。ニュートン博士は、リンゴは落ちるのに、なぜ月は宙に浮かんでいるのか？　それが気になったのです。そしてニュートン博士は、実は月だって落ちていることを数学によって導き出しました。落ちているけれども地上に対してすごいスピードで水平に動いていて、落ち切らずに地球の周りを回っているのだと。月もリンゴも何でもかんでも落ちるのだと。地球が引っぱっているのはリンゴと月だけではありません。すべてのものの間で働く引っぱり合う力という意味で「万有引力」と教わった人もいるでしょう。

私たちが地球上で暮らしていけるのは、地球が大きな重力で私たちを引っぱってくれているからです。月が地球の周りを回っているのも、地球と月が重力で引っぱり合っているからです。もし、地球の重力が月に働いていなかったら、月はとっくの昔に、どこか遠くに飛んでいってしまっています。同じように、地球は太陽の巨大な重力と引っぱり合っているから、太陽の周りをぐるぐると回っていられるのです。

4つの力のうちで私たちが日常的に接しているのは、電磁気力と重力の2種類だけです。

4つの力のうち、電磁気力と重力以外の力は、原子核よりも狭い範囲にしか働かないので、20世紀になって原子核を研究することによって初めて、そういう力があることがわかってきました。

明らかになった2つの力は、「強い力」と「弱い力」と言います。冗談のように聞こえる名前ですが、歴《れっき》とした物理学用語です。でも「強い力」と「弱い力」だけでは何のことだかわかりません。

実は、この名前は大事な部分が省略されています。強い力は「電磁気力よりも強い」力、弱い力は「電磁気力よりも弱い」力なのです。強い力は強い相互作用、弱い力は弱い相互作用とも言います。

強い力は、クォーク同士をくっつけて陽子や中性子をつくるときに使われる力です。この力があるおかげで、プラスの電気をもったアップクォークが複数あっても、マイナスの電気をもったダウンクォークが複数あっても、それらをくっつけて陽子や中性子をつくります。また、プラスの電気をもっている陽子と電気をもっていない中性子をくっつけて原子核をつくるのにも役立っています。

一方、弱い力は他の3つの力と違い、何かを引き寄せたり、押しのけたりする力としては働いていません。例えば大理石からは微量の放射線が出ていますが、このとき、弱い力が働いて粒子の種類を変化させ放射線が出ます。弱い力は、粒子の種類を変える錬金術のような力です。

この世界で一番小さい力の重力

この宇宙で働く4つの力を整理すると、私たちが常に感じることのできる電磁気力と重力、感じることがなかなかない強い力と弱い力に分けることができます。

私たちは、地球の重力によって常に、地球に引っぱられています。普段意識することはなくても、重力は私たちにとって感じやすい力なので、それがとても大きい力だと思い込んでいます。しかし、それは勘違いです。

例えば、クリップでも釘でも、鉄でできたものを机の上に置きます。そして、クリップや釘の上から磁石を近づけてみます。すると、クリップや釘は机を離れて磁石に吸い寄せられます。クリップや釘には下向きに重力がかかっています。重力がかかっているにもかかわらず磁石に引き寄せられたということは、重力よりも磁石の力、つまり電磁気力の方が大きいということです。

しかも重力は、電磁気力より小さいだけでなく、4つの力の中で一番小さい力です。4つの力の大きさを比べてみましょう（表2－1）。電磁気力の力を1としたとき、強い力は電磁気力の100倍で、弱い力は1000分の1くらい。ところが重力は電磁気力の10の38乗分の1倍！もし、電磁気力が太陽を持ち上げる力があったとすると、重力は0・1㎎の小さな薬のカプセルすら持ち上げられないくらいの小さな力です。

では、私たちはなぜ、重力が大きな力だと勘違いしているのでしょうか。電磁気力にはプラスとマイナスがあり、お互いを打ち消してゼロになることが多いのに対して、重力は引き合う力しかないので、打ち消し合うことがありません。また、質量が大きくなればなるほど重力は大きくなります。私たちは、大きな質量をもつ地球の上で暮らしていて、地球の重力を常に受けているので、重力が大きな力だと感じているのです。

ちなみに、電磁気力と強い力の関係も重要です。強い力が電磁気力よりも小さかったら、クォーク同士をくっつけて陽子や中性子をつくることができません。電気はプラス同士、マイナス同士が狭い空間にあると反発します。陽子の中にはプラスの電気をもったアップクォークが2個あり、中性子の中にはマイナスの電気をもったダウンクォークが2個あるので、反発して離れようとしています。でも、離れずに陽子や中性子をつくれているのは、強い力が引きとどめてくれるからです。陽子や中性子がバラバラになっていたら、私たちの体をつくる原子ができなくなってしまいます。私たちが生きていられるのも、強い力があるおかげです。

力の運び役としての素粒子たち

この宇宙に存在するものは素粒子でできています。実際、原子をつくる素粒子と、それによく似ている仲間の素粒子が発見されました。実は、素粒子にはもう1つのグループがあります。それが、力を伝える素粒子たちです。4つの力は、それぞれ異なる素粒子によって伝えられます（表2－1）。

磁石が鉄を引き寄せるときは、磁石と鉄の間で電磁気力を伝える「光子」という素粒子がキャッチボールのように交換されることで、力が働きます。電磁気力の場合は、電気の符号によって異符号なら引き寄せ合い、同符号なら反発します。

強い力が働くときも、いくつかのクォークの間で強い力を伝える素粒子「グルーオン」が交換されることで、それぞれのクォークに関係が生まれ、くっつきます。

弱い力の場合は、例えば、中性子の中のダウンクォークに弱い力を伝える負電荷の「W粒子」が働いて、中性子を陽子に変化させます。また、弱い力を伝える「Z粒子」も見つかっています。

クォークや電子など、ものをつくる物質素粒子の仲間は、グルーオン、光子、W粒子、Z粒子といった力を伝える素粒子を交換することで、お互いに関係ができ、それらの素粒子の間で力が働いて素粒子の状態を変えます。

今のところ、4つの力のうち、電磁気力、強い力、弱い力の3つでは力を伝える素粒子が発見されています。重力にも力を伝える素粒子が存在すると考えられており、一応「重力子」という名前がつけられているのですが、まだ発見されていません。

人類が100年かけてつくり上げた素粒子の標準理論

1897年に電子が発見されて以来、人類は素粒子の世界がどうなっているのかを研究してきました。そして、100年以上の年月をかけてつくり上げていったのが、「素粒子の標準理論」です。こんなに長い時間をかけてつくられた理論は、他にはありません。これまでの研究からわかってきたことは、まず、素粒子には大きく3つのグループがあるということです。図2-1に素粒子の標準理論に登場する素粒子をまとめました。

1つ目が、ものをつくるのに関わっている「物質素粒子」のグループです。物質素粒子には、弱い力も強い力も働く「クォーク」と、弱い力は働くけれども強い力は働かない「レプトン」があります。クォークは、アップクォーク、チャームクォーク、トップクォーク、ダウンクォーク、ストレンジクォーク、ボトムクォークの6種類です。レプトンは、電子、ミューオン、タウ、電子ニュートリノ、ミューニュートリノ、タウニュートリノの6種類です。これらの中で電荷をもつものには、電磁気力が働きます。物質素粒子は12種類ありますが、実際に日常的にものをつくっているのはアップクォーク、ダウンクォーク、電子のたった3種類です。

そして、もう1つ重要なことは、これらの12種類の物質素粒子の中には、よく似ている兄弟のような素粒子がいくつもあることです。アップクォーク、チャームクォーク、トップクォークは、だんだんと質量が大きくなっていく以外は性質が似ているのです。これと同じように、ダウンクォーク、ストレンジクォーク、ボトムクォークのグループも、電子、ミューオン、タウのグループも、電子ニュートリノ、ミューニュートリノ、タウニュートリノのグループも質量が違うだけでよく似ています。つまり、物質素粒子には4組の3兄弟がいるのです。この兄弟のことを「世代」と呼びます。ただ、なぜ3世代なのか、その理由はまだはっきりとしていません。

図2-1でもう1つ注意していただきたいのは、レプトンは「電子ニュートリノと電子」、「ミューニュートリノとミューオン」、「タウニュートリノとタウ」が上下に対になって書かれていて、クォークも「アップクォークとダウンクォーク」、「チャームクォークとストレンジクォーク」、「トップクォークとボトムクォーク」が対になっていることです。弱い力に関係する物質素

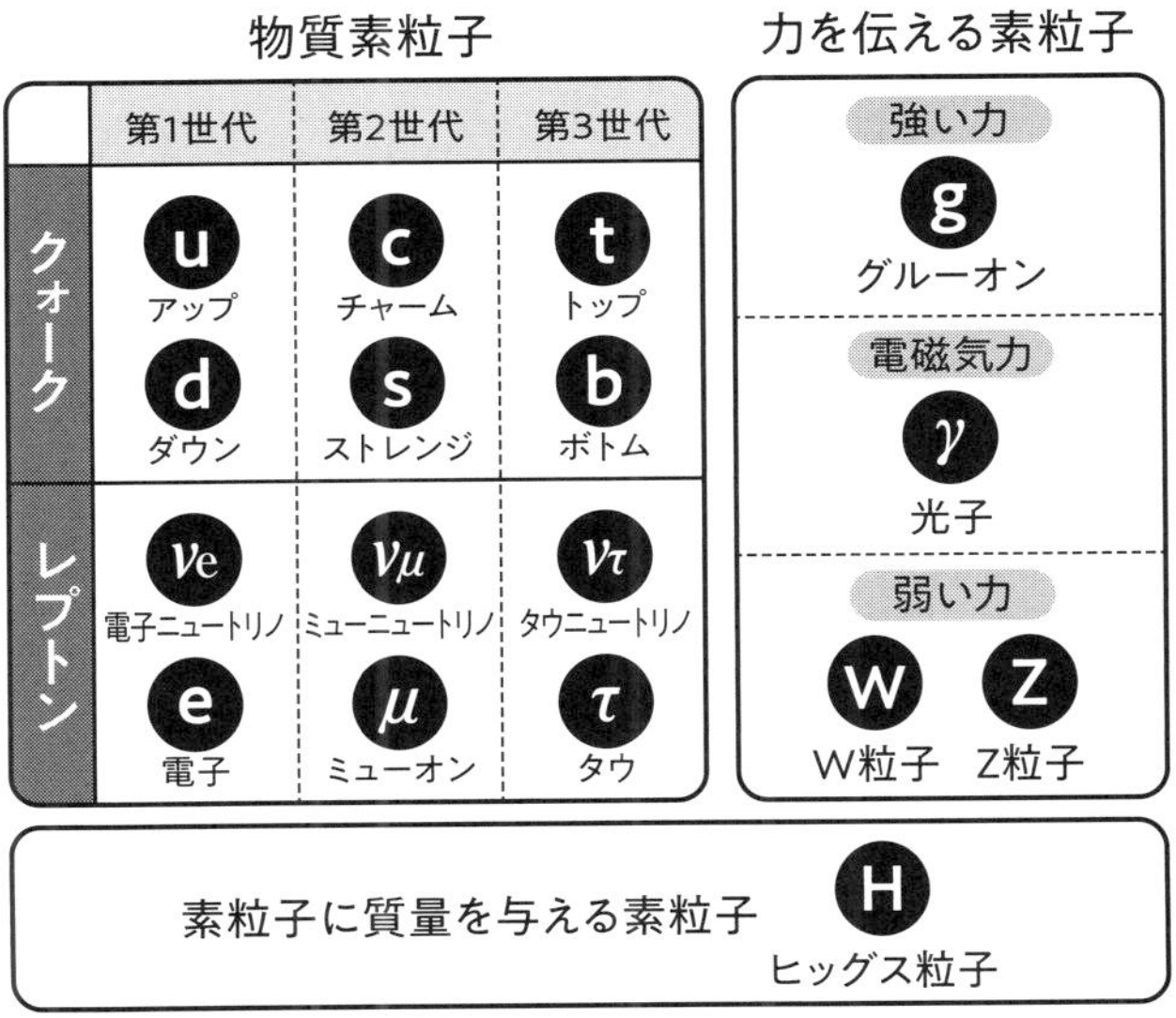

図 2-1 | 標準理論に登場する17種類の素粒子表

粒子は、このように対になっています。

2つ目は「力を伝える素粒子」のグループです。電磁気力を伝える光子、強い力を伝えるグルーオン、弱い力を伝えるW粒子とZ粒子が見つかっています。ただし、W粒子は電荷をもち、正電荷のW粒子と負電荷のW粒子があります。

そして、3つ目が「素粒子に質量を与える素粒子」のグループです。今のところ、このグループにはヒッグス粒子だけがいます。「素粒子に質量を与える」というのは、どういうことでしょう?

実は標準理論では、すべての素粒

子は宇宙誕生時には質量がなかったようなのです。でも実際には、ほとんどの素粒子は質量をもちます。質量がないのは、光子とグルーオンだけです。ヒッグス粒子は、もともとは標準理論をつくる過程で、理論と実験結果の間にある矛盾を解消するために考えられた素粒子でした。

素粒子の標準理論に登場する素粒子の総数は、物質素粒子12種類、力を伝える素粒子4種類、素粒子に質量を与える素粒子1種類の合計17種類です。

2024年現在では、宇宙には全部で17種類の素粒子があることを人類は知っています。そして、これらの素粒子の動き方を定める「素粒子の標準理論」をまとめあげました。

素粒子の標準理論の「標準」とは？

では、「素粒子の標準理論」の「標準」とは、どういう意味でしょう？　素粒子を研究している物理学者が目指すのは、いろいろな素粒子の運動や反応の実験をして得た数値を、理論から計算して、数値として再現することです。

もしその理論が実験から得られた数値を再現できれば、正しい理論であると認定できます。ここで「標準」が重要になります。

実験から得られた数値と新理論から計算した数値を比較するときに、標準値を示してくれる理論があれば、新しい理論の良しあしが判断できます。これが標準理論の役割です。ただし、実験から得られる測定値には必ず誤差がつきます。標準理論は、その誤差の範囲に収まる精度で標準値を導き出せる理論でなくてはなりません。

電子や光子という量子レベルでの電磁気力が関わる現象を説明する「量子電磁力学」という理論は、その要求を満たした最初の理論でした。この理論の構築にはアメリカのリチャード・フィリップス・ファインマン博士と日本の朝永振一郎博士が関わっています。量子電磁力学は、人類がこれまでにつくった物理学の理論の中で最も高精度な計算ができる理論です。高精度な計算が可能なのは、電磁気力を伝える光子の質量がゼロだとわかっているからです。以降の理論は、この量子電磁力学をひな型として検討が進められてきています。

ところが、標準理論に現れた弱い力を伝えるW粒子やZ粒子は大きな質量をもちます。その問題を解決したのがヒッグス博士でした。この問題を解決に導いた素粒子の世界の仕組みを「ヒッグス機構」と言います。その話に入る前に、質量についてまとめましょう。

質量と重さの違い

そもそも質量とは何でしょうか。例えば、机の上に置いてある本や携帯電話を持ち歩くのは簡単ですよね。でも、机はどうでしょう。机は1人ではなかなか動かせないものがあります。

この違いこそが質量の違いです。つまり質量とは、ものの動かしにくさのことです。第1章で出てきた$E=mc^2$の式が示しているように、質量はエネルギーと同じです。ということは、質量が大きなものは、何もしていなくてもエネルギーをたくさんもっていることになります。そして、エネルギーをたくさんもっているものを動かすには、大きなエネルギーが必要なので、動かしにくいというわけです。

また、質量が大きなものが動いているときは、止めるのにも大きなエネルギーが必要です。一度揺れ出したブランコを止めるのにもエネルギーがいります。

普段私たちは「質量」という言葉をあまり使いません。ほぼすべて「重さ」で済ませています。質量と重さは、どう違うのでしょうか。

質量は、止まっているときにどれだけ動かしにくいか、そして止めにくいかを示した量だと思ってください。それに対して重さは、そのものを引っぱる重力の大きさのことで、質量に重力をかけたものです。

地球上では質量と重さは、ほぼ同じ数字になります。というよりも、同じ数字になるように決めました。地球上の場合、質量が1kgのものの重さは1kg重《じゅう》です。このように数字が変わらないので、日常生活においては質量と重さを区別しなくても問題ありません。ただし、重さは重力の大きさで変わります。月の重力は地球の6分の1しかないので、月面でのものの重さは地球上での重さの6分の1。質量が1kgのものの重さは、およそ167g重となります。

標準理論がもっていた大きな弱点

ここでもう一度、力を伝える素粒子たちの特徴をおさらいしておきましょう。標準理論が対象とする物理現象は、宇宙にある４つの力のうち電磁気力、強い力、弱い力の３つが素粒子に働く現象です。電磁気力は光子、強い力はグルーオン、弱い力はＷ粒子とＺ粒子といった素粒子が関わり、力はこれらの素粒子によってそれぞれ伝えられます。

電子や光子の動きの計算は大変に複雑なので、最初は大ざっぱに、そして徐々に精密に計算していく方法をとります。実験で観測された光子の質量はゼロでした。そのおかげで、必要なだけ精密に計算できるように理論を仕上げることができました。素粒子標準理論でも量子電磁力学と同じように精密に計算できる理論にするために、力を伝える粒子の質量がゼロであるということが望まれました。この条件が崩れると、宇宙のどこでも成り立ち、精度よく計算できる理論にすることができなくなります。

強い力を伝えるグルーオンも、理論の要求通り実験による観測でも質量がゼロでした。しかし、弱い力を伝えるＷ粒子、Ｚ粒子には質量がありました。しかも、この２つは素粒子の中でも重い方でした。

そこで提案されたのが、Ｗ粒子、Ｚ粒子の２つは、宇宙誕生時には質量がゼロだったのだけれど、ある事件をきっかけに質量をもつようになった、という考えです。その事件の舞台として登場するのが「ヒッグス場」です。

空間が素粒子をつくり出すとは？

標準理論の弱点の解決に必要だったのは、「ヒッグス場」というものです。新しい言葉が出てきました。「ヒッグス粒子ではないの？」と首をかしげた人もいると思います。でも必要だったのは「ヒッグス場」です。ヒッグス場とは、もともと質量ゼロのW粒子とZ粒子が質量をもつようになった仕組みの要です。

宇宙空間全体に「量子場」というものが広がっています。量子場とは、素粒子をつくったり消したりする空間の能力のことです。実は素粒子の世界では、「量子場」が「粒子」になっているのです。

「粒子」という言葉を聞くと、まず錠剤のような粒を想像するでしょう。でも、素粒子の世界では、ちょっと違います。量子場は宇宙空間全体に広がっていますが、どこにいるのかを知ろうとすると、ある1ヵ所に粒として、ピョコンと顔を出します。この宇宙空間全体に広がっていてピョコンと粒を生み出す能力を「量子場」と言います。

私たちの周りでは電子、ミューオン、光子などなど、たくさんの素粒子が生まれては消えています。空間が電子をつくる能力をもっていることを「電子場」、ミューオンをつくる能力をもっていることを「ミューオン場」と言います。何もない真空の空間に、いろいろな種類の量子場が重なっているのです。

ヒッグス博士は、新しい場を導入すれば、そこから新しい粒子が生まれる、と考えました。それが、ヒッグス場とヒッグス粒子と呼ばれているものです。そして、ヒッグス場がW粒子とZ粒子に質量をもたらしたと考えたのです。

しかし、量子場自体を見ることはできません。それが、量子場というものをわかりにくくしています。量子場とは何か、なぜ量子場から粒子が生まれるのかについて、もう少しお話ししましょう。

第1章で、加速器を使って光速近くまで加速した電子と陽電子を衝突させて新しい素粒子をつくり出していることを紹介しました。私たちの感覚では、2つの粒子をバラバラにして新しい素粒子をつくっているように感じますが、そうではありません。電子も陽電子も素粒子なので、これ以上バラバラにはなりません。では、なぜまったく違う素粒子ができるのでしょうか。それを可能にしているのが、量子場なのです。

量子場とは、その素粒子をある場所につくったり消したりする空間の能力のことだと言いました。でも、いくら能力があっても、自然に素粒子が生まれるわけではありません。素粒子をつくるにはエネルギーが必要です。そのエネルギーを与えるのが、加速器を使った素粒子の衝突です。例えば、電子と陽電子、2つの粒子が衝突すると、消滅してエネルギー（光）に変わります。そして、できたエネルギーが空間に広がる量子場に作用して、素粒子が生まれます。

ヒッグス粒子の生まれ方

量子場とは、空間が素粒子をつくり出す能力なので、ヒッグス場があるならば、当然、ヒッグス粒子も存在するはずです。しかも、このヒッグス場の仕組みを使えば、これまで別々のものだと思われていた電磁気力と弱い力を、視点を変えることで1つの力の別の見方として説明でき、宇宙をシンプルに捉えられるという利点もありました。

私たちが一番利用している電磁気力に関しては、とても精密な実験ができるようになってきました。精密に実験をすると、実験結果の数字が何桁も測定できます。昔は1・23と3桁しか測定できなかったものが、1・23456789と9桁、さらには10桁も測定できるようになると、その結果を使って、理論が合っているかどうか、より詳しく調べることができます。そして、量子電磁力学の理論では、計算した値と実験で得られる値が12桁まで一致していることが実際に確かめられています。

例えば、電子には磁石の性質もあります。電子を磁石として利用したときにどれくらいの強さをもっているのかを12桁、１兆分の１の値まで計算することができます。ここまで正確に計算するのは、とても大変な作業です。ある素粒子の性質を表す値を１つ計算するのに数年、長いときは10年くらいかかってしまうこともありました。今は、スーパーコンピュータや、数百台のコンピュータをつないで計算する技術が開発されて、計算スピードが上がっていますが、それでも１年以上はかかります。

実験の結果と理論を使って計算した値を10桁以上の精度で一致させるのは、並大抵のことではありません。しかし、その一致こそが理論の正しさを示すものです。電磁気力の理論は、長い時間をかけて磨き上げられてきたので、電子の運動をとても正確に予想できるようになっているのです。

そこで、ヒッグス粒子が存在すると考えて、電磁気力と弱い力を同じように扱うことができれば、標準理論の弱点をカバーするだけでなく、弱い力が作用する素粒子反応も精密に計算できるようになるのです。

というわけで、標準理論はヒッグス粒子という新しい粒子を追加して、弱い力を伝えるW粒子とZ粒子が質量をもった仕組みを説明しようとしました。

ヒッグス博士が考えたその仕組みは、少しばかりややこしいです。宇宙の最初のころは、弱い力を伝える正電荷のW粒子、負電荷のW粒子、Z粒子も、電磁気力を伝える光子も、いずれも質量はゼロで、空間を常に光速で飛び回っていました。このとき、ヒッグス粒子を生み出すヒッグス場が4つあり、対応するヒッグス粒子も4種類あったというのです。

ヒッグス場以外の量子場は空間全体に値をもつことができますが、空間のある1点にエネルギーが注ぎ込まれなければ、その場が他の場に影響を及ぼすことはありません。場に質量分のエネルギーが注ぎ込まれれば、素粒子として空間の1点に現れるのでした。ところが、あるとき、大変化が起きます。宇宙誕生直後に場の性質をもつ真空に変化が起きて、ヒッグス場にはエネルギーが注ぎ込まれなくても他の場に影響を及ぼすようになったのです。

研究者は、この真空の変化を「ヒッグス場が凍りついた」と例えます。物理現象としては、水が0℃以下になって凍りつくのと似た状態の変化だからです。この凍りつきが起きたために、4つのヒッグス場のうち3つの場が他の場に影響を及ぼすことができるようになり、他の場に取り込まれました。このヒッグス場の一部を成分として取り込んだことが、素粒子にとっては質量を得るという効果になり、空間を光速で飛び回ることができなくなります。

光子やグルーオンといった質量がゼロの粒子は、常に光速で進みます。素粒子が波として伝わるとき、進行方向に沿って前後に振動する縦波（図2-2上）で伝わるには、光速を超えるか低速になることが必要になります。

しかし、質量がゼロの素粒子の速度が、光速から変わることはありません。つまり、質量がゼ

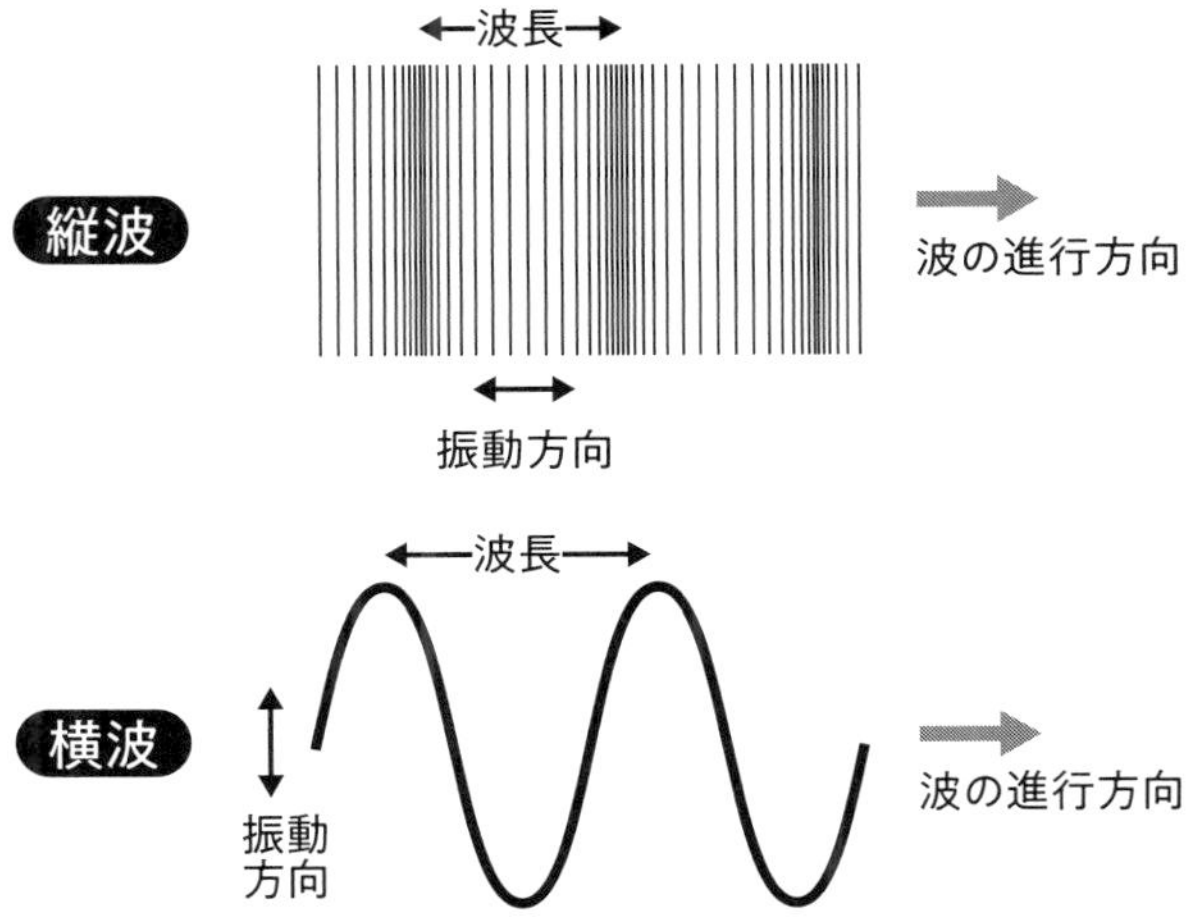

図 2-2 | 縦波と横波

ロの光子場とグルーオン場は縦波では伝わらず、進行方向に垂直な面で2方向に振動する横波でしか伝わりません(図2-2下)。ところが量子場がヒッグス場の成分を取り込んで質量を得ると、光速より遅い速度での進行が可能になるので、縦波振動ができるようになります。

こうしてヒッグス場の成分を取り込ませることで、正電荷のW粒子と負電荷のW粒子、Z粒子に質量をもたせることができました。質量が大きな粒子は遠くまで飛びにくいので、弱い力が原子核というとても狭い範囲にしか伝わらないのは、ヒッグス場の一部を取り込んで縦波振動をするようになったからです。そして、取り込まれずに残った1つの場が、ヒッグス粒子として発見されるはずだ、というわけです。

こう考えると、正電荷のW粒子と負電荷のW粒子、Z粒子が、力を伝える素粒子なのに質量をもっていることが説明でき、標準理論の矛盾もなくなります。

なぜヒッグス博士は、ヒッグス場を4種類も用意したのか？　正電荷のW粒子と負電荷のW粒子、Z粒子に質量を与えたいから、というのが答えです。そんな複雑なことが本当に宇宙で起きたのかと疑ってしまいますね。

でも重要なのは、加速器技術の進展もあり、ここ30年あまりの実験のほとんどの場合で、標準理論の予測とほぼ4桁の精度で一致する観測値を得ていることです。だから、標準理論はたくさんの物理学者に信じられてきました。そして、その証拠を手にするために、ヒッグス粒子を探し続けてきたのです。

ヒッグスの海

ヒッグス場のおかげで、弱い力を伝える3つの粒子が質量をもっている問題を解決することができたのですが、その後すぐに、もう1つ大きな問題が出てきました。それは12種類の物質素粒子たちも質量をもっているということです。

「ものには質量があるのだから、ものをつくっている素粒子には質量があって当然」と思うかもしれません。でも、物理学者にとって、これは大問題でした。特に弱い力が関わる素粒子反応を扱うときに、物質素粒子の質量が問題になります。W粒子とZ粒子が伝える弱い力を受け取って変化する物質素粒子がどう運動するかを予測する精密な理論をつくるには、物質素粒子の質量もゼロである必要があったのです。

実際には、実験で電子やミューオンの質量が測定されています。ですが、理論としては、それらの質量がゼロでないと正確な値が計算できません。やはり標準理論は成り立たないのか、と思われました。しかし、またもヒッグス場によって救われました。

弱い力を伝える素粒子のときは、最初に４つあったヒッグス場のうち３つが取り込まれたと説明しました。今度は、残った１つのヒッグス場が物質素粒子に質量を与える、と考えられたのです。

残った１つのヒッグス場も、宇宙全体にまんべんなく広がっています。そして、宇宙全体に広がったヒッグス場が凍りついていて、目には見えませんが、この宇宙は「ヒッグスの海」のようになっていて、物質素粒子に影響を与えることができるヒッグス場がそこら中にあるのです。

私たちは、そこら中にある空気の存在に気を止めません。ただし、ヒッグス場の影響を感じる素粒子にとっては、その空気のような存在を、ネバネバしたアメのように感じます。周りがそんなふうになっていると、確かに動かしにくくなり、止まりにくくさせます。電子たちもそこを通ろうとすると、空間に凍りついているヒッグス場がまとわりついて、邪魔をして動きの変化を遅くさせます。この動きの変化を遅くする仕組みが、物質素粒子にも質量を生じさせます。

前に説明したように、質量とは、ものの動かしにくさ、止めにくさの指標です。物質素粒子は、もともと質量はゼロだったのですが、凍りついているヒッグス場が動きを邪魔して、質量があるのと同じ動きになったというわけです。

凍りつくヒッグス場の仕組みが考えられたことで、標準理論の最大の困難を解決することができました。こんなややこしいことを考えなくても、もっと単純で新しい理論を考えればよいのではないのか、と思う人もいるでしょう。

でも素粒子の世界では、これが一番単純な方法だったのです。たくさんの人たちが知恵を出し、100年も考えてきた理論で、自然や宇宙で起きる事柄のほとんどすべてを計算できる現在唯一の考えなのです。

なお、素粒子に質量を与える仕組みを最初に提案したのは、ヒッグス博士だけではありませんでした。ベルギーのフランソワ・アングレール博士とロバート・ブラウト博士も、ヒッグス博士とほぼ同時期に同様の理論を提唱しています。

ヒッグス粒子発見のニュース

２０１２年7月4日にヨーロッパで行われたヒッグス粒子発見の発表は、瞬く間に世界中に伝わりました。これは本当にすごい発見です。ヒッグス博士たちがその存在を予測してから50年近くもかけてようやく見つけたのもさることながら、ヒッグス粒子が本当に存在していたことで、謎になっていた宇宙の仕組みが１つ明らかになったのです。

「素粒子の質量は、宇宙が生まれたときから決まっていたものではなく、ヒッグス場によって後から与えられたものだった」。暴かれたこの仕組みは、大変に驚くべきことです。最初から質量をもっていれば、その素粒子の性質だという話で終わるのですが、後天的に与えられたものだとすると、宇宙が誕生した後に素粒子の性質が変化したことになりますよね。つまり、ヒッグス場が他の素粒子の性質を変えてしまったのです。これで、ヒッグス場が果たした、素粒子に質量を与えるという役割がわかりました。

ヒッグス粒子が存在しなければ、どの素粒子にも質量がありませんでした。質量がゼロの素粒子は、動きにくさがゼロになるので、光の速さで飛び回ります。しかし、アインシュタイン博士の相対性理論によると、この宇宙では光よりも速く移動できるものはありません。少しでも質量があれば、光の速さに限りなく近づいたとしても、光の速さには絶対に到達しないのです。

ここで重要なのは、質量がゼロか否かです。素粒子の世界では、光の速さというのは特別です。ほんの少しでも質量があれば、光のスピードよりも遅くなって時間の進みを感じることができるのですが、質量ゼロで光のスピードになると、その粒子は時間の流れを感じずに、時が止まっているというおかしな状態になります。同じ宇宙に存在しても、光の速さか、そうでないかで、見る景色がまったく違ったものになります。

宇宙の謎を解く鍵としてのヒッグス粒子

ヒッグス粒子の発見で、宇宙誕生後に素粒子の性質を変化させる仕組みがあったことがわかりました。ヒッグス粒子は、宇宙の謎を解く手掛かりとして、とても重要な役割をしています。ヒッグス粒子が本当に存在すると確認できたことは、物理学者のこれまでの研究が間違っていなかったことを示し、その先にある新たな謎を解くスタートにもなるのです。

今、新たな謎と言いましたが、ヒッグス粒子が見つかっても、宇宙の謎がすべてわかったわけではありません。まだまだわからないことだらけです。例えば、物質素粒子はすべて質量をもっていますが、その大きさはバラバラです。ミューオンは電子の207倍の質量がありますし、タウは電子の3477倍にもなります。

それぞれの粒子の質量はヒッグス粒子がもたらしているので、質量が大きいほどヒッグス粒子を感じやすくなっています。問題は、ここです。では、どうしてミューオンは電子の207倍、タウは3477倍もヒッグス粒子を感じやすいのでしょうか？

ヒッグス粒子が電子、ミューオン、タウを区別していなかったら、すべて同じ質量になるはずですが、この3つの粒子の質量は大きく異なります。ということは、ヒッグス粒子は、何らかの理由で、この3つを区別していることになります。ヒッグス粒子が電子とミューオンとタウを区別している理由や仕組みは何なのでしょうか。その謎は、まだ何もわかっていません。

ヒッグス粒子は、よく「神の素粒子」と例えられます。これは、ヒッグス粒子にはそれだけ重要な役割があるという意味と同時に、まだ私たちがヒッグス粒子のこうした秘密を解き明かせていないことも示しています。今のままだと、ヒッグス粒子がまるで神のように、電子を軽くして、タウを重くしようと決めているようにしか見えないのです。物理学者たちは、なんとかその仕組みを説明できるように、これからも研究を進めていきます。

私たちの存在理由の解明

ヒッグス粒子が質量の起源といわれる理由を、なんとなくわかっていただけたでしょうか？

質量とはつまり、止まっていられるという性質。質量があるから、今この場所に止まっていられるのです。じっと座って本を読んだり、友達と話をしたり、ご飯を食べたりできるのも、すべてヒッグス場のおかげ。そもそも私たちがこの世界に存在できるのは、ヒッグス場が電子に質量を与えてくれているからです。

もし、ヒッグス場の働きがなかったら、物質素粒子はどれも質量がゼロです。質量がゼロだと、素粒子は光の速さで飛び回り続け、1つの場所にとどまってものをつくることができなくなります。

素粒子が集まらなければ原子はできないし、太陽や地球も生まれません。もちろん、私たち人間も存在しなかったでしょう。ヒッグス場があるから、この宇宙にたくさんの星がつくられ、人類は地球に生まれてくることができたのです。

私たちは、巨大望遠鏡でいろいろな天体のきれいな写真を見ることができます。素粒子に質量があって、とどまってものを形づくることができるからこそ、宇宙にはたくさんの天体が誕生しました。ヒッグス場が存在しなかったら、1つの星も生まれず、宇宙は空間が広がっているだけの味気ないものだったでしょう。そう考えると、このバラエティに富んだ世界をつくるために、神様がヒッグス場を生み出してくれたのかもしれません。本書のテーマは「起源」ですが、この私たちという存在の起源を考える上で、ヒッグス場が重要な役割を果たしているのは間違いなさそうですね。

今は、ようやくヒッグス粒子が見つかった段階なので、これからもヒッグス粒子がどんな性質をもっているのか、そして、どのように質量を生み出しているのかを詳しく調べていきます。そのために、ヒッグス粒子をつくり出す加速器の性能を上げたり、新しい加速器を建設したりする計画が考えられています。

ヒッグス粒子は本当に大きさをもたない粒子なのか？　ヒッグス粒子に似た他の仲間はいないのか？　といったことも、今後研究を続けていくことでわかってくるでしょう。

第 3 章
元素の起源

元素とは

第1章では、宇宙のすべてのものが素粒子でできていることを紹介しました。一方で、私たちになじみのある性質が現れるのは、原子という単位からであることにも触れました。原子は、現在までに118種類が知られており、そのうち天然に存在するのは94種類です。第3章では、さまざまな性質をもった原子（元素）が、宇宙の歴史の中でどのように生まれたのか、を考えます。

あらゆる物質は、原子でできています。その原子は、陽子や中性子でつくられた原子核と、周囲を取り巻く電子から成り立っています。陽子と中性子は、原子核をつくる粒子なので「核子」と呼ばれます。陽子の電荷はプラス1なので、電荷がマイナス1である電子の数は、足し合わせた電荷がゼロとなるように決まります。すなわち「陽子の数＝取り巻く電子の数」です。この原子のもつ陽子の総数、陽子数のことを「原子番号」とも呼びます。原子番号が変われば束縛される電子数も変わるので、それに応じて原子同士のつながり方が変わり、さまざまな分子が形成されます。このような原子の化学的性質を表すために、異なる原子番号ごとに「元素」という言葉が当てはめられました。ちなみに原子核に含まれる中性子は、元素の化学的性質には関わりがありません。

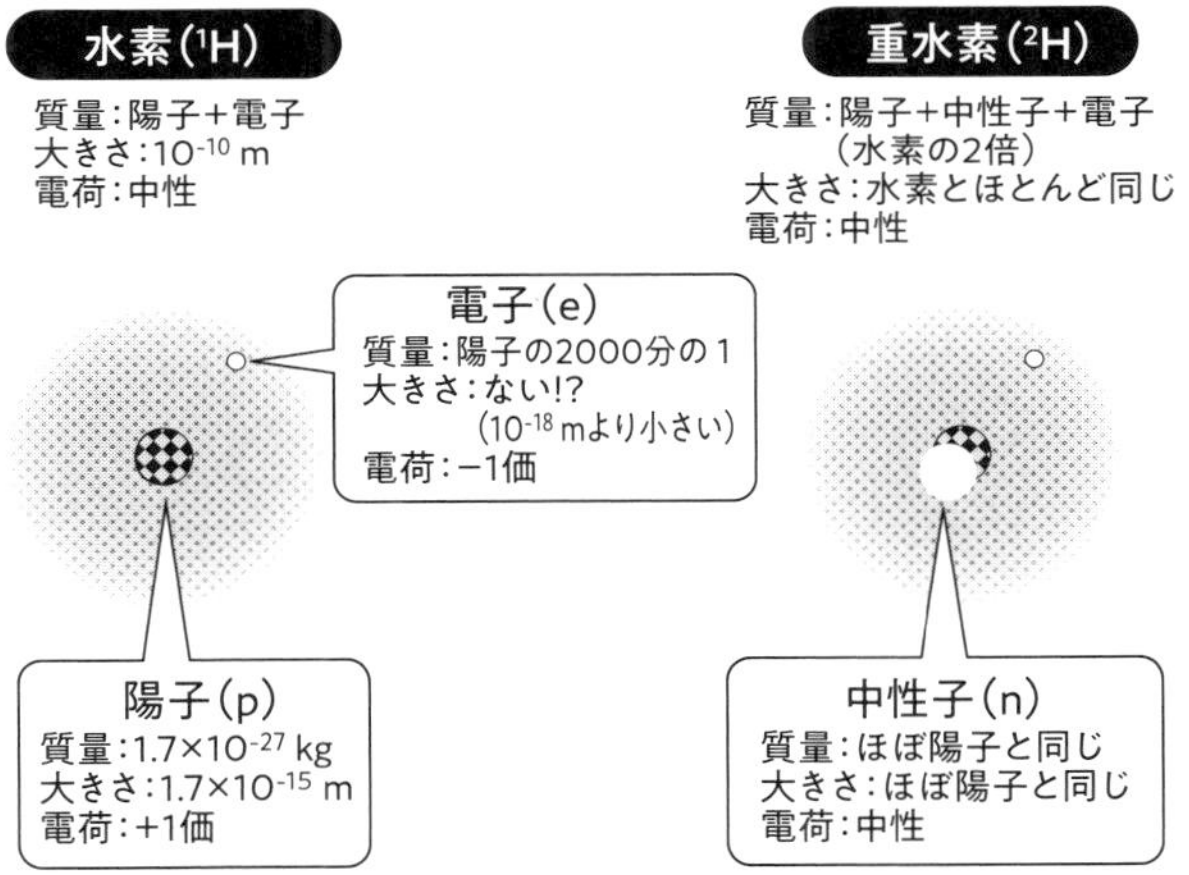

図 3-1 | 水素原子と重水素原子の構造と質量・大きさ・電荷

中性子をそれぞれ0個、1個、2個含んだ、水素、重水素、三重水素という同位体があります。水素の元素記号はH。同位体を構成する陽子と中性子の個数の和を「質量数」と呼び、同位体を区別して表現するときは、元素記号の左肩に質量数を記入します。水素、重水素、三重水素は、^{1}H、^{2}H、^{3}Hと書きます。

図3－1に、同位体である水素原子と重水素原子の構造と質量、大きさ、電荷をまとめました。水素原子は陽子と電子からできていて、その質量は陽子と電子の質量の和、大きさは10^{-10}m、電荷は中性です。重水素原子は陽子と中性子と電子からできていて、その質量は3つの粒子の質量の和です。大きさは水素とほとんど同じで、電荷

は中性です。

電子は、質量が陽子の2000分の1、大きさは10^{-18}mより小さいと考えられています。電荷はマイナス1価です。陽子は質量が1・7×10^{-27}kg、大きさは1・7×10^{-15}m、電荷はプラス1価です。中性子は、質量も大きさも陽子とほぼ同じで、電荷は中性です。

水素（H）や鉄（Fe）、鉛（Pb）など、天然には94種類の元素があります。地上には150万種もの動植物が暮らしていますが、生物に限らずすべての物質が、これらの元素の組み合わせでできていることになります。

原子についての理解が進んでいなかった古代エジプト時代から20世紀初頭までの長い間、変色せず加工性に富んだ金（Au）を他の物質からつくる（変換する）錬金術という試みが盛んに行われました。しかし、企てはことごとく失敗。元素の変換に初めて成功したのは、ラザフォード博士でした。

ラザフォード博士は1919年に、アルファ（α）粒子（質量数4のヘリウム［^{4}He］原子核の別の呼び名です）を窒素（^{14}N）に照射すると、陽子（p）が飛び出してくることを発見したのです。このとき、窒素が酸素（^{17}O）に変換されました。元素の変換とは、原子核が異なる原子核へと変化したこと、すなわち原子核に反応が起きたことを指しています。この反応を「原子核反応」と呼び、

$$^{14}N + {}^{4}He \rightarrow {}^{17}O + p$$

と表します。矢印の左側に反応前の原子核、右側に反応後の原子核が示されています。

加速器で生成する人工元素

原子核を高速で他の原子核にぶつければ、原子核反応を起こせることがわかりました。そこで効率的に反応を起こして原子核を研究するために、原子核を高速に加速する加速器の開発が始まりました。イタリア出身のアメリカで活躍したエミリオ・セグレ博士は１９３６年、アメリカのアーネスト・ローレンス博士によって発明されたばかりのサイクロトロンという加速器を使って重水素（^{2}H）を加速し、原子番号42のモリブデン（Mo）に照射するという実験を行いました。その結果、地上では当時見つけられなかった43番元素のテクネチウム（Tc）を発見しました。この元素名の由来となったテクネトスは、ギリシャ語で「人工の」という意味があります。人工的に生成された元素にふさわしい名前ですね。

テクネチウムに加えてこれまでに、61番元素のプロメチウム（Pm）と85番元素のアスタチン（At）、および93番元素のネプツニウム（Np）から１１８番元素のオガネソン（Og）までの29種類の元素が、人類によって生み出されました。ただし、テクネチウム、プロメチウム、アスタチン、ネプツニウム、94番元素のプルトニウム（Pu）は、後の研究で微量ながらも地上に存在していることが明らかになりました。

地上にはない原子番号の大きな元素はどこまで存在するのか、その原子核はどのような構造なのか。その謎を解明するために人類が生み出した元素は、現時点で95番のアメリシウム（Am）から118番元素のオガネソンまでの24種類です。その中の1つ、理化学研究所の森田浩介博士を中心とする研究グループが生み出した113番元素は、2016年にニホニウム（Nh）と名付けられました。

太陽系で観測される元素

加速器が発明された20世紀初頭、加速器で加速した原子核を他の原子核に当てて原子核反応を引き起こし、原子核の性質などを調べる原子核物理学が急激な発展を遂げました。同時に、原子核物理と宇宙の成り立ちや星の性質などを調べる宇宙物理・天文観測が結び付き、元素の起源を解明する天体核物理学が産声を上げました。そこで得られた知識をもとに、天然に存在する94種類の元素の歴史をひもといていきましょう。

図3－2は、われわれの住む太陽系で観測される元素の存在量を示しています。横軸は、原子番号で表される元素の種類です。縦軸は、太陽系で観測された元素の存在量を、原子番号14のケ

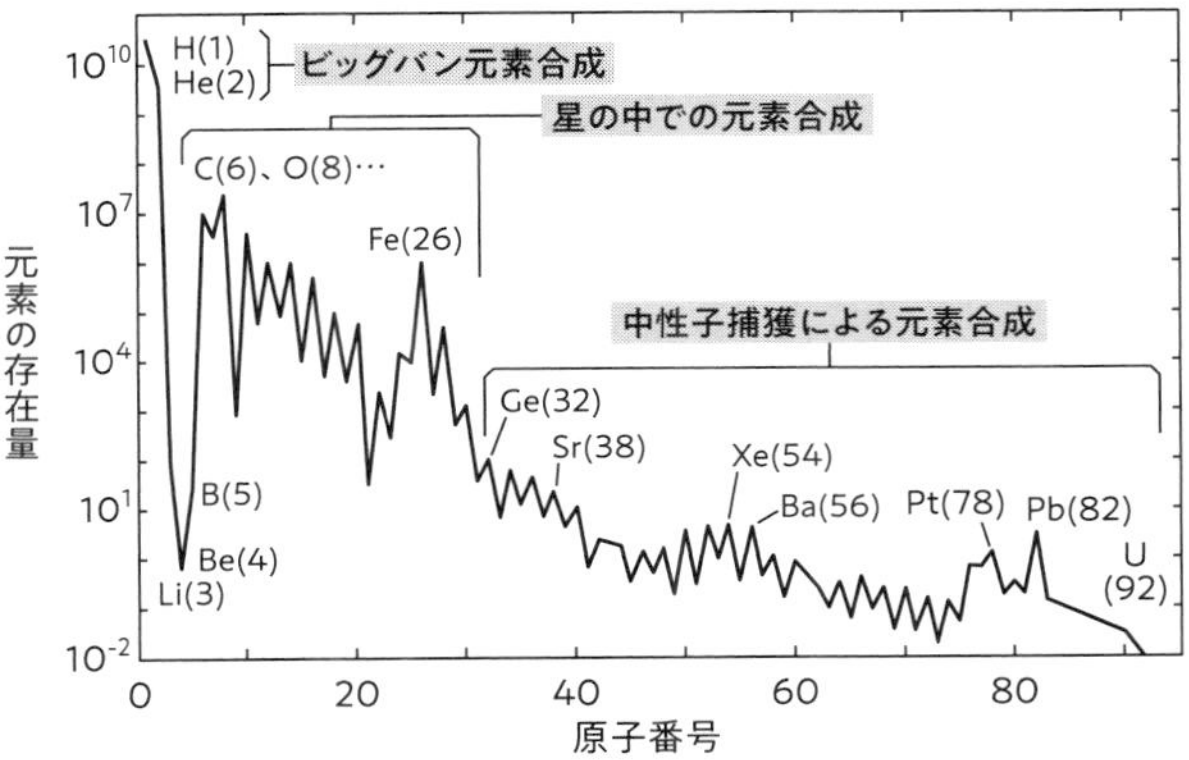

図 3-2　太陽系で観測された元素の存在量

横軸が原子番号で表される元素の種類、縦軸は太陽系で観測された元素の存在量を原子番号14のケイ素の存在量を10^6としたときの相対値で示している

Anders E. and Grevesse N., *Geochimica et Cosmochimica Acta*, Vol.53, 1989, p197–214, Table1をもとに作成

イ素（シリコン）の存在量を10^6としたときの相対値で示しています。

存在量の全体的な傾向を見ると、原子番号が小さいほど多く、原子番号が大きくなるにつれ少なくなっていきます。存在量が多いのは原子番号1の水素と2のヘリウムで、全体の98％程度を占めています。原子番号6の炭素（C）、8の酸素（O）、10のネオン（Ne）、14のケイ素（Si）、そこから少し離れた原子番号26の鉄（Fe）の存在量も多いです。

それ以上の原子番号で存在量がやや多いものとして、32のゲルマニウム（Ge）や38のストロンチウム（Sr）、54のキセノン（Xe）や56のバリウム

(Ba)、78の白金(Pt)や79の金(Au)、82の鉛(Pb)などがあります。それらの元素は、原子核が中性子を吸収(捕獲)して生成されました。詳しくは後で説明します。

原子番号3のリチウム(Li)、4のベリリウム(Be)、5のホウ素(B)の量は、水素やヘリウムに比べて8桁も少ないです。後で触れますが、これは質量数5および8に安定な同位体がない、という原子核の特徴によるものです。

不安定な原子核では、構成する陽子や中性子が、周囲の安定な原子核よりも緩く結合しています。そのため、原子核反応や原子核の崩壊が起こりやすく、存在量としては少なくなってしまいます。

他に見られる存在量分布の特徴、原子番号26の鉄の周りの緩やかなピーク、38のストロンチウムや56のバリウム、82の鉛あたりの細いピーク、54のキセノンや78の白金や79の金あたりの幅広いピークの由来については、後で説明します。

現代の元素の起源に関する知識によれば、水素、ヘリウム、リチウムの大半は138億年前の初期宇宙の環境で生成され、鉄の周囲までの元素は光り輝く星の内部で生成され、鉄より重い元素は進化に伴う星の表面や極端な天体環境で起きた中性子捕獲を起源にもつ、と考えられています。なぜそのように理解できるのか、もう少し詳しく見てみましょう。

初期宇宙の元素合成

宇宙はその誕生直後から、ビッグバン、つまり英語で「大きな爆発」と名付けられるような激しい膨張を経験してきました。それは、大爆発と言うように、宇宙全体を包み込む光の塊が激しく膨張する現象です。光の塊とは、多くの素粒子が激しく光りながら衝突している状態です。それが時間とともに大きく膨張するのです。第7章でも述べられますが、宇宙膨張とは、素粒子自体が膨張するのではなく、それら粒子と粒子の間隔を広げながら膨張していくことを意味します。当時小さかった宇宙の中では、粒子の密度が高く粒子同士の散乱が激しくて、飛び交う光子などの素粒子が高エネルギーの状態のまま閉じ込められて、火の玉のようになっていたのです。

例えば、太陽の光っている部分（光球）の様子は、その状況に極めて似ています。太陽の光球は、5500度を超える高温の光が、粒子との散乱により太陽の中に閉じ込められている状態なのです（本書では断りのない限り、温度の「度」は絶対温度[K]を意味します）。宇宙初期の火の玉は、後述するように、約1000億度を超える温度でした。この火の玉が138億年かけて膨張し、それとともに温度が下がり、現在の138億光年（その間、膨張を続けているので、正確には約440億光年）先まで広がる絶対温度約3度（マイナス270℃）の極低温の宇宙となったのです。

初期宇宙の元素合成の物語は、宇宙の年齢が約10億分の1秒よりずっと前、宇宙の火の玉の温度が約1000億度よりずっと高いころから始まります。大きさが約30㎝にも満たない火の玉の中には、光子、電子、ニュートリノ、クォーク、グルーオンなどの素粒子とその反粒子が、ぎゅうぎゅう詰めに閉じ込められ、激しく反応していました。このころに、ある機構によりクォークの数と反クォークの数の間に非対称が生まれたと考えられています。後に詳しく述べられるように、このクォーク・反クォークの間の非対称性、つまり物質と反物質の間の非対称性の誕生は、「バリオン数の生成機構」と呼ばれます（バリオン数とは、正味の原子の数のことです）。このときより、クォークの数が反クォークの数より約10億個に1個だけ多い宇宙となったのです。これが厳密な意味で、宇宙における物質の誕生です。

その後、宇宙の年齢が約1万分の1秒後、温度が約1兆度のころになると、若干多い物質と若干少ない反物質とで非対称に存在したクォークとグルーオンから、陽子と中性子がつくられます。陽子は、水素原子の原子核です。このころ、陽子と中性子は、弱い力（弱い相互作用）で電子とニュートリノを交換しながら激しく入れ替わっています。弱い力は、大きさは電磁気力より弱いですが、この時期は陽子と中性子にとても高い頻度で作用していたのです。このときの陽子に対する中性子の割合は、ちょうど1：1です。中性子はわずかに陽子より重いため、その比は時間とともにだんだん変わってきます。

宇宙の年齢が約１秒まで進み、温度が約10億度になると、弱い相互作用をするニュートリノが、火の玉の中の散乱だけでは閉じ込められなくなって、自由に飛び回るようになります。そして、このころに、同じく弱い相互作用による陽子と中性子の入れ替わりの反応が止まってしまいます。なんとそのとき、理論計算によりわかることなのですが、中性子の数は、陽子の数の約７分の１にまで減ってしまっています。そして、この７分の１という中性子の数が、後の宇宙全体のヘリウムの量を決めてしまうのです。

この火の玉の中で、２つの粒子が衝突して、より重い元素を一歩一歩つくる反応を起こします。まず、宇宙の年齢が約３分になるまでに、陽子と中性子が衝突して重水素をつくるようになります。そして、つくられた重水素と重水素が衝突して三重水素もしくはヘリウム３（陽子２個と中性子１個からなる）をつくり、三重水素もしくはヘリウム３と重水素が衝突してヘリウム４（陽子２個と中性子２個からなる）をつくります。三重水素は放射線（ベータ線）を出して崩壊してヘリウム３をつくります。ここまでが約５分で完了します。

続いて、ヘリウム４に三重水素やヘリウム３が衝突することにより、リチウムやベリリウムなどのさらに重い原子核がつくられました。ここまで、約10分です。このようにして、宇宙全体で核融合反応が次々と起きたのです。ベリリウムは、１５０日後にリチウムに崩壊します。こうして、宇宙全体でリチウムまでがつくられます。

恒星の中のようなもっと高密度の環境ならば、2つの粒子が衝突する核融合反応によってさらに重い元素もつくられたかもしれませんが、ビッグバン直後の宇宙全体の密度では、ここまでです。この宇宙初期の元素合成は、「ビッグバン元素合成」と呼ばれます。

ヘリウム4は、ビッグバン元素合成によってつくられる元素の中でもとても安定であるため、元素の重量比にして実に約4分の1という多くの量が合成されるのです（約4分の3は水素です）。宇宙の年齢が約1秒のとき、中性子の数は陽子の数の7分の1でした。宇宙にある中性子がほとんどすべてヘリウム4に取り込まれると仮定して計算すると、合成されるヘリウム4は、重量比にして元素全体の4分の1となります。理論的に導き出されたこの値が、観測データと完全に一致するのです。このことからビッグバン元素合成は、ビッグバン宇宙モデルを支える3つの観測事実の1つとなっています。他の2つは、宇宙膨張と宇宙マイクロ波背景放射の存在です。これらについては、第7章で詳しく説明します。

さて、とても皮肉ですが、昨今あらゆる電子機器に使用されているリチウムイオン電池に用いられるリチウムは、実はビッグバン元素合成が主な源ではありません。その多くは、高エネルギー宇宙線陽子などによる、恒星の表面での炭素、窒素、酸素の破壊によってつくられた成分なのです。つまり、太陽系が生まれるもっと前に存在していた恒星の表面でつくられたリチウムが、その恒星の死後、他の元素とともに45・4億年前に地球に取り込まれたのです。そうした複雑な元素の起源のバリエーションが生まれる理由は、われわれの太陽系が銀河系の円盤部分に誕生したことにあります。銀河の円盤部は宇宙線の量が多く、また、頻繁に恒星が生死を繰り返す環境だったのです。

元素合成によって星は光り輝く

これまでお話ししたように、初期宇宙では、水素からリチウムまでの軽い元素が生成されました。これらは、長い時間をかけて重力により凝集し、やがて光り輝く星（恒星と呼びます）の燃料となるのです。

太陽のような恒星が何億年にもわたって光り輝けるのは、星の内部で原子核反応によるエネルギーの放出が起きているからです。このことを初めて予言したのは、イギリスのアーサー・エディントン博士で、１９２０年のことでした。彼はイギリスのフランシス・アストン博士が測定した水素とヘリウムの質量値を使って、４個の水素が核反応によって１個のヘリウムに変わるとすると、１０００分の29だけ質量が軽くなることを示しました。この失われた質量こそが、光り輝くエネルギーに変換されたのだと考えました。

エディントン博士の後に、アメリカのハンス・ベーテ博士による１９３９年の論文によって、恒星の中で起こる水素を燃料とする原子核反応の詳細が検討されました。恒星内部での原子核の熱運動によって引き起こされる原子核反応は、「熱核反応」とも呼ばれています。この熱核反応についての研究により、ベーテ博士は1967年にノーベル物理学賞を受賞しました。

ここからは、この恒星の中で起きている原子核反応について詳しく見ていきましょう。

初めに星の中で水素が燃える：p－p連鎖反応とCNOサイクル

恒星の中で起こる水素を燃料とする原子核反応には、「陽子－陽子連鎖反応（p－p連鎖反応）」と「CNOサイクル」という2種類があります。

p－p連鎖反応には、pp－Ⅰ、pp－Ⅱ、pp－Ⅲと呼ばれる3種類があり、常に4個の水素が1個のヘリウムに変換されます。p－p連鎖反応は、太陽のような小質量の恒星の主要なエネルギー源です。太陽のような温度の低い星では主にpp－Ⅰ反応が働き、星の温度が高くなるにつれpp－Ⅱ反応、pp－Ⅲ反応が働くようになってきます。温度が2000万度を超すと、CNOサイクルが主な水素燃焼過程になります。

図3－3は、太陽内部でも起きているpp－Ⅰ反応の一部で、4つの陽子（p）からどのように1つのヘリウム原子核が生成されるかを示しています。陽子は、水素原子の原子核です。pp－Ⅰ反応の最初と最後をまとめて書けば、

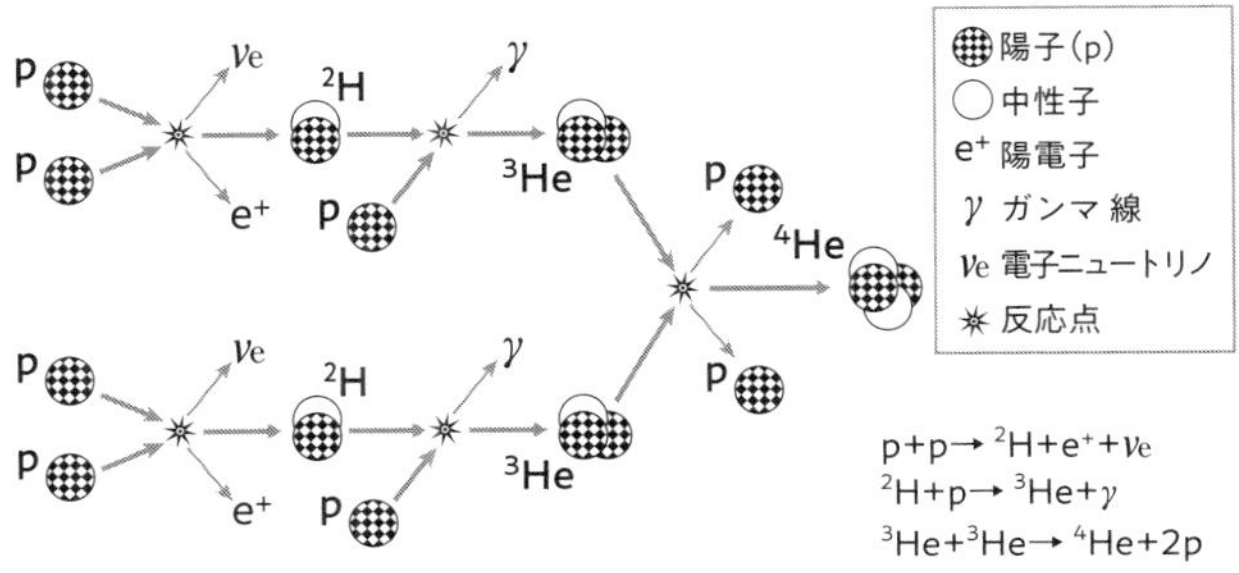

図 3-3　陽子 – 陽子（p-p）連鎖反応（その中のpp-I）
4個の陽子（p）から最終的に1個のヘリウム原子核（^4He）が生成される

$$4p \rightarrow {}^4He + 2e^+ + 2\nu_e + 2\gamma$$

となります。この式でe^+と書かれている粒子は第1章で説明した陽電子で、電子（e^-）と同じ質量ですが電荷がプラス1です。ν_eは電子ニュートリノです。こうして水素をヘリウムに変換するかたわら、ガンマ線としてエネルギーが放出されます。ここで発生するエネルギーが、太陽が光り輝き、太陽が自身の巨大な質量により生じる重力でつぶれようとする重力収縮にあらがって寿命を延ばす秘密の正体です。

主に水素やヘリウムのガスでできた太陽などの恒星では、重力による万有引力のエネルギーが内部の水素やヘリウムの運動エネルギーに転換され、中心部ほど圧力、温度ともに高い状態が保たれます。この釣り合いの関係から、中心部の温度は恒星の全質量に比例し、半径に反比例することが導かれます（式3－1、∝は比例記号）。

中心部の温度 ∝ 星の全質量/星の半径　（式3－1）

式3－1に太陽の質量と半径の観測値を与えると、中心温度が約1600万度であることがわかります。ちなみに、われわれが住む地球の質量は、太陽の33万分の1。固体でできた地球内部の温度は、わずか6000度ほどです。この温度では熱核反応は起きません。生命が暮らせる環境は、光り輝かない地球と、そこにエネルギーを注いでくれる太陽の絶妙な配置から生まれたのですね。

pp－I反応について、もう少し考えてみましょう。太陽から放出されているエネルギーのすべてがこの連鎖反応で生み出されているとすると、1回の連鎖反応で発生するエネルギー量で全エネルギー量を割ることで、毎秒10^{38}回ものpp－I反応が起きていることがわかります。太陽の全質量の中で水素の割合は70％程度です。その10％が水素燃焼の原料になるとすると、太陽はおよそ72億年燃え続けられることになります。これは数百億度という超高温環境で始まり約1000秒のうちに終息した、宇宙創成期のヘリウム生成反応とは対照的に、ゆっくりと水素を燃焼しながら星が進化してゆくさまを示しています。

恒星の中で起こる別の水素燃焼過程が、炭素同位体である^{12}Cを出発点とするCNOサイクル

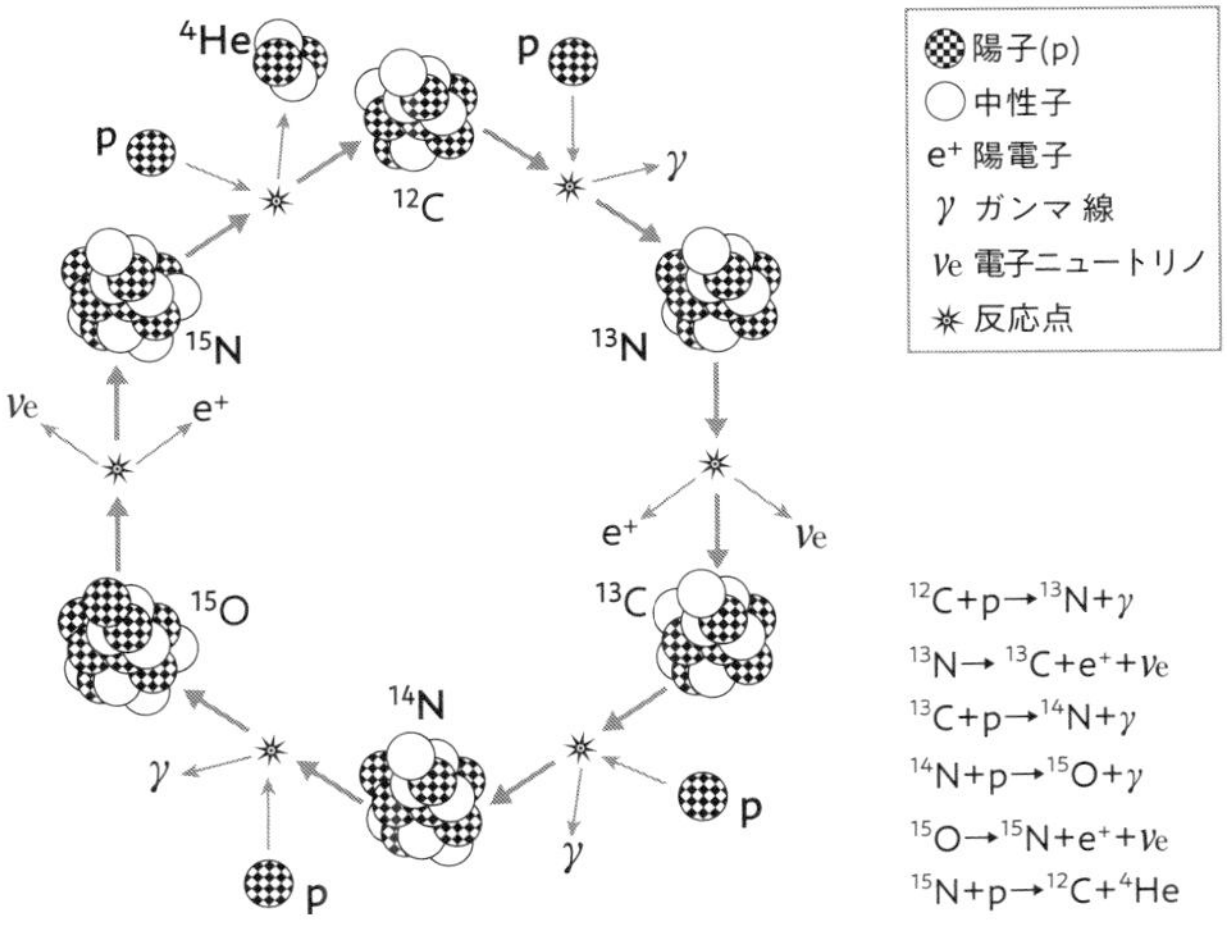

図 3-4　CNOサイクル（その中のCNO-I）
上部の頂点にある^{12}Cから右回りに反応が進んでいく。炭素（C）、窒素（N）、酸素（O）の原子核が4個の陽子（p）に触媒として働くことで、ヘリウムの原子核（^{4}He）が生成される

です（図3－4）。このサイクルを1周するたびに、p－p連鎖反応と同様に4個の陽子がヘリウム1個に変換され、エネルギーを生み出していくのです。炭素（C）、窒素（N）、酸素（O）の原子核がヘリウム変換反応の触媒として働くことから、「CNOサイクル」と名付けられました。

このサイクルに関係する原子核は、p－p連鎖反応のときの原子核に比べて陽子数が多いため、原子核同士が近づくと、より強い電気的反発力が生じます。太陽のように比較的低い環境温度では、この反発力のために熱核反応が起こりにくく、CNOサイクルはほとんど進みません。

中心部の温度が2000万度以上となって、原子核の運動エネルギーが増加し、反発力があっても核反応の起こる機会が増えてくると、CNOサイクルが星の中でのエネルギー発生の主役となります。式3－1の関係から、この温度条件を満たすためには、恒星を形成する初期質量が、太陽質量の1・5倍より大きくなくてはならないことがわかります。

ちなみに、CNOサイクルには、CNO－ⅠからCNO－Ⅳまでの種類があります。CNO－ⅡやCNO－Ⅲでは窒素の安定同位体（^{14}Nや^{15}N）を起点にした、CNO－Ⅳでは酸素の安定同位体（^{16}O）を起点にした、経路の異なるサイクルになります。

ところで、CNO－Iサイクルの起点となった^{12}Cはどこからきたのでしょう？　起源は2つあり、1つは、次に述べるヘリウム燃焼過程で生成されました。もう1つは、何世代にもわたる星の形成・発展・衰退の中で生み出された^{12}Cが、他の元素とともに宇宙空間に放出され、次世代の星形成の種として含まれていたと考えられています。

星の中ではヘリウム、炭素、酸素なども燃える：鉄を生み出す大質量星

さて、p－p連鎖反応で生成される元素は、ホウ素（^{8}B）とベリリウム（^{8}Be）までです。これらは放射性同位体と呼ばれ、それぞれの原子核は1・1秒と1・2×10^{-16}秒の寿命で、ベータ崩

壊を起こすか、^{4}He原子核（アルファ粒子）2個に分解してしまいます。ベータ崩壊というのは、不安定な原子核内の中性子が陽子へと変換され、電子とともにニュートリノを放出して、原子番号が1つ大きく、質量数は同じ原子核へと変わる現象です。

短寿命な不安定同位体が存在するので、CNOサイクルの原料となる^{12}Cがp－p連鎖反応で生成されるチャンスはほとんどありません。ここで疑問になるのが、「太陽系で観測される元素」の節で述べたように質量数が5や8といった元素が合成されにくいにもかかわらず、なぜ質量数12の炭素の大量生成が可能となったのか？　です。と言うのも、途中に経由すべき質量数5の元素は、アルファ粒子と陽子または中性子とが組み合わされればできますが、アルファ粒子が陽子や中性子をとどめておく能力が低いために安定な同位体になりません。また、質量数8の元素としては^{8}Beがありますが、質量数が4のアルファ粒子が2個存在する方が安定なので、^{8}Beはすぐに2個のアルファ粒子に変化してしまいます。これを元素合成における「質量数5と8のギャップ問題」と言います。

アメリカで活躍したオーストリア出身のエドウィン・サルピーター博士は1952年に、3個のヘリウム原子核（^{4}He）から^{12}Cが生まれる可能性を考え、論文として発表しました。それは、2個の^{4}Heの核反応によって生まれた^{8}Beに、さらにもう1個の^{4}Heが反応するという2段階反応の可能性でした。^{8}Beの寿命はわずか1・2×10^{-16}秒です。しかし、例えば1億度の高温空間を飛び交う高速の^{4}Heから見れば、^{8}Beが崩壊する前に半径程度の距離を通過することができます。すなわち高速の^{4}Heは、短寿命な^{8}Beが崩壊する前に反応できるのです。

一方で、水素燃焼過程が進んだ恒星の内部には、水素より重いヘリウムが蓄積しています。星を生み出した初期質量が大きければ、燃料となる水素の枯渇とともに水素燃焼によるエネルギー発生が下がり、重力による収縮が始まります。中心部には1億度という高温環境が現れるのです。

1953年になって、イギリスのフレッド・ホイル博士は、この反応率の見積もりを進めることで、^{12}Cの安定状態よりもエネルギーの高い位置に、^{8}Beと^{4}Heとの反応が起こりやすくなる状態があれば、^{12}Cが十分に合成できることを予測しました。この状態（その後、ホイル状態と呼ばれるようになりました）は、後の原子核実験で見事に確認されました。歴史的には^{4}He原子核をアルファ粒子とも呼んでいたことから、この反応は「トリプル・アルファ（3α）反応」と呼ばれています。^{12}C以降の重元素合成の道が拓《ひら》けたのです。

ちなみに、初期宇宙での元素合成では、急激に膨張する空間によって生成された^{4}Heの密度や温度（速度）が一気に下がり、トリプル・アルファ反応は起こせなかったと考えられています。重元素合成のふるさとは、高温・高密度の中心部をもった恒星なのです。

トリプル・アルファ反応によってエネルギーが発生している間に、^{12}Cとアルファ粒子が反応して^{16}Oとガンマ線が生成され、星の中心部に炭素と酸素からなる星の核（コア）が形成されていきます。ヘリウムが燃え尽きると中心部は再び収縮し始め、初期質量が太陽質量の8倍よりも大きければ、式3－1に従って温度が7億度を超え、炭素の熱核反応が始まります。炭素が燃え尽きたときには、酸素、ネオン（Ne）、マグネシウム（Mg）からなるコアができています。さらに高温になると、ネオンが燃え、酸素が燃えて、ケイ素（Si）や硫黄（S）、カルシウム（Ca）などがつくられていくことになります。

どの恒星も中心部において、「重力収縮→高温化」による新たな元素合成と、エネルギー発生に伴う「収縮停止→燃料の枯渇→重力収縮」を繰り返していきます。ただし、星の初期質量によって、元素合成の度合いや進化の速度が異なります。初期質量が太陽質量の10倍以上の場合、恒星内部の中心温度は40億度ほどにもなり、全原子核の中で最も安定な鉄（^{56}Fe）までの生成が進むのです。

恒星内部の熱核反応と星の一生

原子核の性質によれば、鉄の質量数に近づくほど結合力が強くなるので、熱核反応でできた^{56}Feより質量数の小さな原子核は、反応前の2個の原子核よりもかたく結合した安定な原子核となります。かたく結合した原子核の質量は、反応前の質量の和より小さくなるので、その分のエネルギーが発生します。これが、水素燃焼やヘリウム燃焼、炭素、酸素などの燃焼で、重力収縮に対抗して星を輝かせ続けてきたメカニズムです。

^{56}Feが形成され始めた星の内部では、さらに重い原子核生成によるエネルギーの発生が不可能となるため、重力による圧縮を止められません。高温環境のもとでは、ガンマ線と呼ばれる高エネルギーの光による元素の分解反応と生成反応が競合するようになります。分解されずに残っている元素の存在量は、それぞれの安定度に応じて決まります。これが、さきほど示した図3-2に見られる鉄の周りの穏やかな存在量のピークの由来でした。

図3-5には、初期質量の違いで分類した「星の一生」が描かれています。恒星内部の熱核反応で生成される元素の種類は、初期質量が太陽質量（M$_\odot$、2×10^{30}kg）の0・1倍以上か以下かが、変わり目です。0・1倍以下なら星が生まれたときの材料であった水素のみで、0・1倍以上の質量がある場合はヘリウムが生成されます。0・5倍以上ならヘリウムのほかに炭素や酸素を生成し、8倍以上の場合さらにネオン、マグネシウムまで生成します。10倍以上なら、さらにシリコンや鉄まで生成し、終末期には、重い元素がたまった中心部から軽い元素で構成された外層まで幾重もの層をもつ、タマネギ構造の星ができ上がるものと考えられています。

初期質量が大きいと、星の中の温度の上昇速度は速くなり、熱核反応も促進されるため、星の寿命は短くなっていきます。太陽質量程度の星であれば、およそ100億年の寿命をかけてゆっ

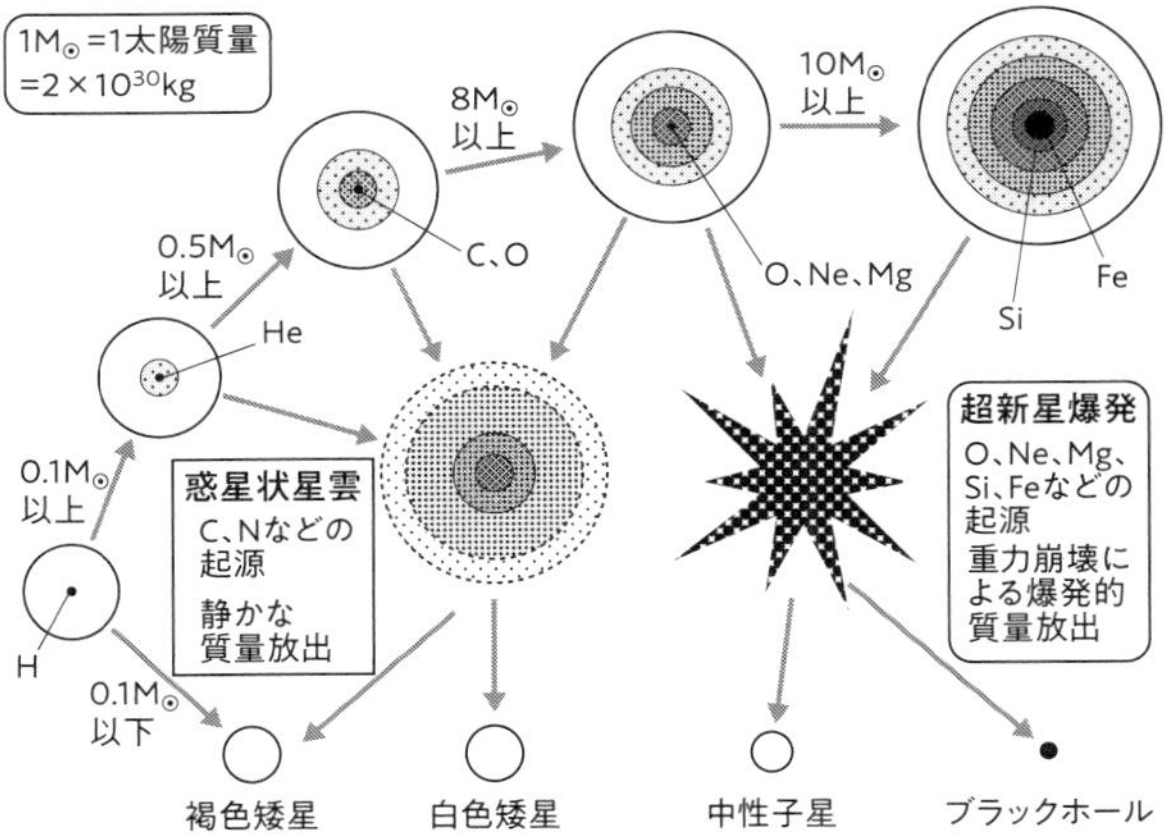

図 3-5　初期質量によって異なる「星の一生」と生成元素
星が生まれたときの質量によって、星の中でどこまで重い元素を生成できるかが変わり、寿命や終末期の姿も異なる
和南城伸也「超新星爆発におけるrプロセスとrpプロセスII」第11回TRIACセミナー（2008年7月2日）p3の図をもとに作成

くりと水素を燃焼しますが、太陽質量の20倍もある大質量星ともなれば、600万年程度のうちに水素は消費されてしまうと考えられています。

終末期を迎えた星は、内部に生成された元素を宇宙空間に放出することになります。初期質量が太陽質量の0・5〜8倍の星は、燃焼し残った水素やヘリウムが広がって惑星状星雲となり、生成された元素を静かに放出しながら比較的コンパクトな褐色矮星や白色矮星となります。初期質量が太陽質量の8倍程度以上の星は、重力収縮によって中心部が一気に小さくなった後に、生成された元素を爆発的に放出して、中性子星あるいはブラックホールとなります。

大質量星の爆発的な元素放出を裏付ける観測が行われています。１９８７年2月23日、わずか13秒のうちに日本で11個、アメリカで8個、ロシア（当時はソ連）で5個のニュートリノが検出されました。超新星爆発の際、陽子が周囲の電子を捕獲して中性子とニュートリノを放出します。検出されたニュートリノから求めた放出エネルギーによれば、初期質量が太陽の20倍の大質量星が爆発した結果だと推定されました。この推定に基づく元素合成のシミュレーション計算から、爆発時に生成された短寿命なコバルト同位体（^{56}Co）の鉄（^{56}Fe）への崩壊に伴うガンマ線の放出が予測され、その後の観測結果を見事に説明したのです。ニュートリノによる天文観測の始まりです。小柴昌俊博士は、日本の検出器「カミオカンデ」を開発・設置しニュートリノ天文学を切り開いた業績によって、２００2年にノーベル物理学賞が授与されました。

星の寿命から考えると、宇宙が誕生してから現在まで１３８億年の間に、何度も星が生まれ、進化と衰退を繰り返してきたことがわかります。衰退の際の物質放出によって、初期宇宙には存在しなかった炭素や酸素、鉄、あるいは白金や鉛などの重元素が宇宙空間にまき散らされてきたことになります。世代の新しい星になるに従って、星を形成し始めたときの重元素の割合が増えているのです。

約45・4億年前に、銀河系の端の宇宙空間に漂う物質から生まれた地球にも、われわれ自身の体にも、ずっと昔の光り輝く星でつくられた炭素や酸素、鉄が含まれています。はるか昔の歴史を秘めたわれわれが、「星の子」と呼ばれる所以《ゆえん》です。

鉄より重い元素の生成：中性子捕獲過程

星の進化を支えている熱核反応では、原子核の中で最もかたく結合した鉄を中心として周辺の元素までが生成されました。それでは、鉄よりもはるかに重い鉛（Pb）や金（Au）、白金（Pt）、あるいはウラン（U）やトリウム（Th）は、どこでどのように生まれたのでしょう?

原子核内のプラスの電荷をもつ陽子同士によって生じる強い反発力により、原子番号の大きな元素ほど熱核反応は起きにくくなります。40億度もの高温環境にならなければ、鉄の原子核を生み出せなかったことを思い出しましょう。

電気的反発力のない核反応なら、鉄より重い元素の合成が可能です。このことを科学的なシナリオとしてまとめたのが、1957年に、イギリス出身のアメリカで活躍したマーガレット・バービッジ博士とジェフリー・バービッジ博士、アメリカのウィリアム・ファウラー博士、イギリスのフレッド・ホイル博士の4名の共著で出版された、重元素の合成過程と天体環境に関する論文でした。4人の名前の頭文字を取って「B^2FH論文」と呼ばれています。著者の1人であるファウラー博士は1983年に、それまでの元素合成に関する実験的・理論的研究でノーベル物理学賞を受賞しました。

彼らが注目したのは、電荷をもたない中性子を原子核が吸収する「中性子捕獲」という反応です。この反応に電気的反発力はありません。タネとなる原子核は、容易に中性子を捕獲して質量数を1つ増やし、中性子が過剰な同位体に変換されます。その同位体が安定な原子核であれば、さらに中性子を捕獲して質量数を増やしていきます。やがて数度の中性子捕獲によって中性子数の多い不安定な原子核になったとき、原子番号が1つ大きく質量数は同じ原子核へと変わる、ベータ崩壊のチャンスが初めて到来します。中性子が陽子へと変換され、電子とニュートリノを放出するのです。中性子捕獲反応とベータ崩壊の起こりやすさのバランスで、さらに中性子を捕獲するのか、ベータ崩壊して原子番号を増やすのかが決まります。

ところで、中性子は、15分程度の寿命で陽子へと崩壊してしまいます。そのため中性子捕獲によって重元素を生み出す過程には、2つの異なる環境が考えられました。1つ目は、つくられては崩壊を繰り返す適当な数の中性子と、中性子捕獲のタネとなる原子核が、長期間にわたって共存する環境。2つ目は、タネとなる原子核の数より圧倒的に大量の中性子が突如出現して、それらが崩壊してなくなる前に中性子捕獲が雪だるま式に進み、それとともにベータ崩壊が起こる環境です。B^2FH論文では、前者を中性子捕獲の速度がベータ崩壊の速度よりも遅いことから「遅い（slow）中性子捕獲過程（s過程）」、後者を「速い（rapid）中性子捕獲過程（r過程）」と呼んで、それぞれが起こり得る天体環境を考察しました。

安定な同位体に沿った重元素合成：遅い中性子捕獲過程（s過程）

s過程が起こり得る天体環境では、周囲を飛び回る中性子が少ないため、新たな中性子を捕獲する前に、不安定な原子核は崩壊してしまいます。そのため、中性子数の異なる安定な同位体をつなぐことで中性子捕獲が進み、その後の不安定な同位体のところでベータ崩壊するという過程を繰り返し、原子番号の大きな原子核を生み出していきます（図3－6・図3－7上）。

図3－6は、横軸が原子核中の中性子数（N）、縦軸が陽子数（原子番号、Z）です。斜線で示された領域は、主に安定な原子核が存在する領域です。安定な原子核領域の外側は、ある寿命のうちに壊れてしまう不安定な原子核が存在しています。s過程は、ほとんどが安定な原子核の存在する領域で進む重元素合成の過程です。

ここからも少し専門的な話が続きますが、中性子を多く含む元素がどのように生成されるかというポイントを押さえて読み進めてみてください。

s過程の終端部分を見てみましょう。^{209}Bi（ビスマス）が中性子を捕獲した^{210}Biは不安定な原子核で、ベータ崩壊して^{210}Po（ポロニウム）となります。不安定な^{210}Poは、200日程度の寿命でヘリウム原子核（アルファ粒子）を放出して安定な^{206}Pb（鉛）に崩壊します（アルファ崩壊

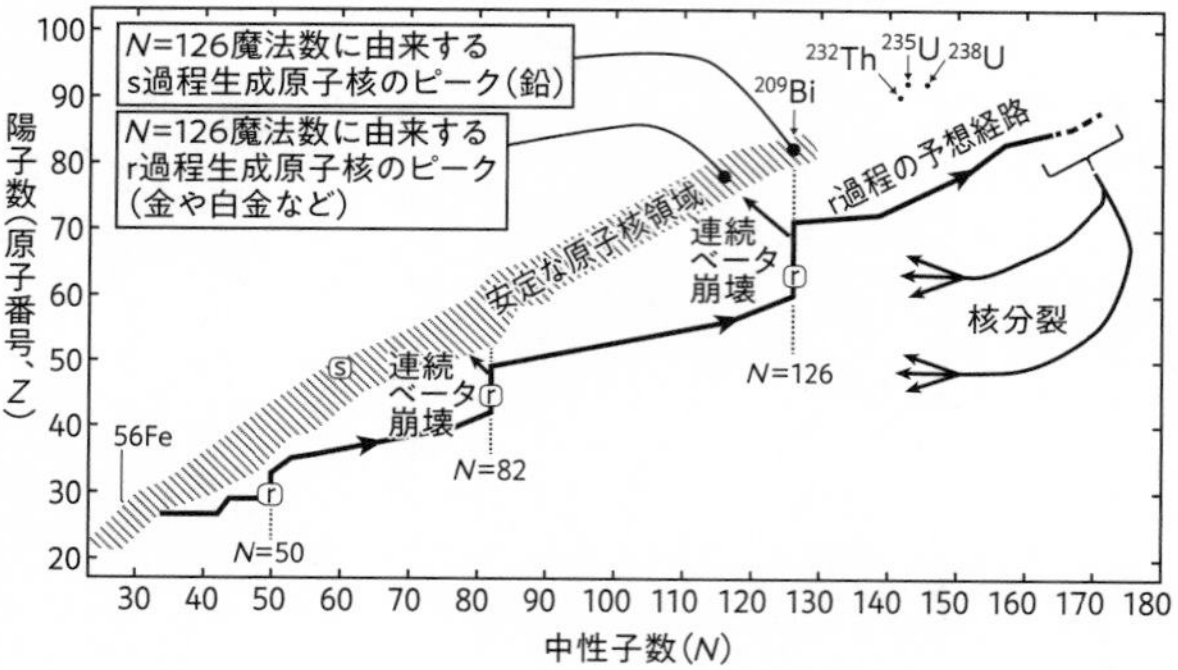

図 3-6　２つの中性子捕獲過程（s過程とr過程）

遅い中性子捕獲（s）過程はほとんどが、安定な原子核の存在する領域で重元素合成が進む。速い中性子捕獲（r）過程は、安定な原子核より中性子が多い不安定な原子核を経由して重元素合成が進む

Rolfs C.E. and Rodney W.S., "Cauldrons in the Cosmos" ,The University of Chicago Press(1988)p472 ; Seeger P.A.,Fowler W.A.,Clayton D.D., *Astrophysical Journal Supplement*, 11 : 121(1965) をもとに作成

と呼びます）。この^{206}Pbは^{210}Biが生成されるときに経由したｓ過程の反応経路上の原子核なので、堂々巡りになってしまいます。ｓ過程では原子番号83のビスマス（^{209}Bi）より重い元素を生成できないのです。

さきほどの図３－２に示された太陽系で観測された元素のうち鉄よりも重い原子番号26以降で、原子番号38（ストロンチウム）、56（バリウム）、82（鉛）あたりに存在量の比較的大きなピークがあります。このピークは、中性子の数が50、82、126でできた原子核の性質によってｓ過程で生まれたと考えられています。

これらの数の中性子あるいは陽子

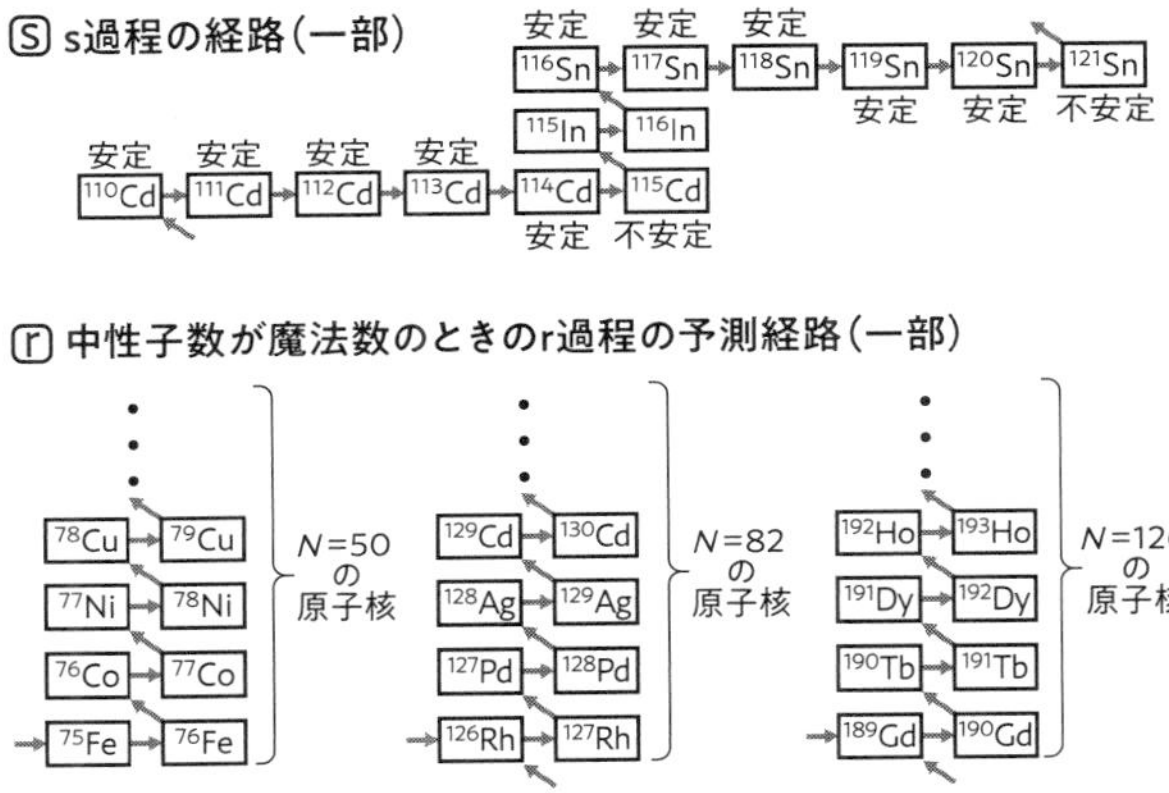

図 3-7　s 過程と r 過程の特徴的な反応経路
上はs過程の反応経路。下は中性子数が魔法数（50、82、126）のときのr過程の反応経路

できた原子核には、周囲の原子核よりもかたく結合して安定である、という特徴があります。そのような特別な数を「魔法数」と呼んでいます。それより中性子数が1つ増えた隣の同位体は、比較的緩く結合している原子核となります。そうすると魔法数の中性子でできた原子核は、中性子を捕獲しにくかったり、捕獲してもはがれやすかったりするため、魔法数の中性子でできた同位体がたまることになります。その結果、魔法数の中性子をもつ同位体が周囲に比べて多めに存在し、元素存在量の分布にピークができたのです

B^2FH論文よりも前の1952年、アメリカのポール・ウィラード・メリル博士は、ウィルソン山天文台での星の分光分析

から、s過程が起きる天体の有力な候補を見つけました。彼は赤色巨星からの光の分析によって、寿命が610万年程度の不安定な同位体、テクネチウム（^{98}Tc）由来の光を見つけたのです。数十億年という星の寿命に比べて短い寿命のテクネチウムは、進行中の遅い中性子捕獲によって生み出されていると考えたのです。

赤色巨星とは、初期質量が太陽質量の1～3倍の星の末期の姿です。中心部で炭素と酸素のコアが燃焼し、燃え残りとしてのヘリウムや水素が徐々に広がり、火星の公転軌道半径に相当するほど膨張していて、赤く見えます。炭素と酸素のコアを取り囲むヘリウム層の底で起こる不安定なヘリウムの燃焼によって、炭素や酸素が間欠的に生成されてコアに流れ込み、中性子が生まれていると考えられています。この中性子を捕獲しながら、ゆっくりとしたs過程による重元素合成が進むのです。

中性子捕獲反応とベータ崩壊の知識から、s過程により生成された元素の存在量分布を再現するのに必要なs過程の継続時間を見積もると、100万年程度であることがわかります。これは、数秒程度の爆発的な重元素合成だと考えられるr過程に比べると、ずいぶんと穏やかな過程です。

数秒のうちに終わる重元素合成：速い中性子捕獲過程（r過程）

ｓ過程に対して、不安定同位体のベータ崩壊の速さよりも中性子捕獲反応のスピードが速い過程のことをｒ過程と呼んでいます。B^2FH論文では、^{209}Biよりも重いウラン（U）やトリウム（Th）を生成する唯一の過程として考えられました。

大量の中性子の存在を可能とする天体環境があれば、爆発的な中性子捕獲が発生します。図3−6および図3−7下には、そのような環境でのｒ過程の予測経路が示されています。大量の中性子が一気に捕獲されるのですから、経路上には安定な同位体に比べて50個以上も過剰な中性子を含む不安定な同位体が生まれるはずです。これらがベータ崩壊を繰り返すことで、初めてウランやトリウムなどの長寿命な不安定同位体が生成されたと考えられています。

ｒ過程で生成されたと考えられる重元素の存在量分布は、観測された元素存在量の分布（図3−2）からｓ過程で生成されたと考えられる存在量分布を引き去ることで得られます。この分布にもｓ過程のときと同じく、魔法数で構成された原子核の特質によるピークがあります。それが図3−2の原子番号32（ゲルマニウム）、54（キセノン）、78（白金）あたりの幅広いピークです。

中性子数が魔法数となる原子核は、周囲の同位体より中性子を捕獲しにくいため、ｒ過程が進む数秒の間でも経路上に同じ中性子数の同位体としてたまり、一部はベータ崩壊することになります。そしてベータ崩壊により原子番号が1つ増えた同位体となって中性子捕獲を行い、再びたまることになるのです。結果的にはベータ崩壊の寿命の長いものほどたまる量が多い状況が生まれます。たまった不安定同位体は、大量の中性子が減少したところで、ベータ崩壊を繰り返して安定な同位体に変換されていきます。この様子は、図3-6に、中性子数（N）が50、82、126の位置でベータ崩壊と中性子捕獲を繰り返しながら原子番号が増えていく、ジグザグ模様の経路として描かれています。

こうしてr過程で生成された元素存在量のピークには、2つの特徴があります。第一に、ベータ崩壊を繰り返したことによって、s過程のピークよりも原子番号の小さい側にピークの位置がシフトすること。第二に、ベータ崩壊の寿命に応じて10個程度の異なる元素の同位体がたまるため、ピークの幅が広くなることです。この特徴こそが、中性子が大量に存在する環境で起きたr過程というシナリオのもっともらしさを示しているのです。

r過程の経路上に生成される不安定同位体の寿命は、1秒程度から0・01秒程度であろうと予測されています。ということは、この過程がウランやトリウムのもととなった不安定同位体までを一気に生み出したのだとすると、これらの短寿命な原子核が崩壊するよりも速く中性子捕獲反応が起きなくてはいけません。すなわち、r過程は、経路上の不安定同位体の寿命の和に相当する数秒程度のうちに全経路を駆け抜けていく、過激な生成過程だと考えられています。

残念ながら、中性子が過剰な不安定同位体の性質は測定されていないため、ここまでに述べた

ｒ過程による重元素合成は、シナリオの域を出ておらず、どんな天体環境がｒ過程を生み出すのかは、謎のままです。ｒ過程が起きている天体の探索は、20世紀からもち越された現代基礎科学における重要な研究課題です。

ｒ過程が起きている天体の候補：超新星爆発や中性子星合体

未知の原子核が相手だとはいえ課題の解決に向けて、原子核の性質を予測する原子核理論や、星の生成・消滅のメカニズムを調べる宇宙物理の知識を駆使して、計算から得られた元素存在量の分布を観測値と比較する研究が、数多くなされています。それによれば、初期質量が太陽質量の10倍を超える大質量星が引き起こす超新星爆発や中性子星の合体が、ｒ過程の有力な天体環境だと考えられています。

地上で行われている実験的な研究では、ｒ過程に登場する可能性がある未知の不安定同位体を人工的に生成し、その性質を調べて、元素合成計算の精度を上げる試みが続いています。不安定な原子核は６０００個近くあると予測されており、これまでに約３０００個の原子核が調べられてきました。ｒ過程の研究では、特に元素存在量のピークの由来となった不安定同位体の研究が集中的に行われています。

高エネルギー加速器研究機構（ＫＥＫ）では、ｒ過程のもう１つの特徴であるウランやトリウムのもととなった未知の不安定同位体の測定を始めています。ｒ過程の終端部に現れる、極端に中性子過剰な重い原子核の一部は、ベータ崩壊よりも核分裂反応によって質量の小さな原子核に分解すると考えられています。分解して生まれた同位体が、ｒ過程元素の存在量の分布にどれほど寄与するのか？　未知同位体の核分裂反応を詳しく調べて、その寄与を元素合成計算に取り込めば、予測精度が画期的に高められるでしょう。さらに、未知同位体の寿命がわかれば、それが核分裂するときに放出する光を観測することで、ｒ過程が起きている天体を特定できる可能性も高まります。

天文観測の分野では、２０１７年8月17日に、アメリカにある2台の重力波検出器ＬＩＧＯ《ライゴ》とイタリアにあるＶｉｒｇｏ《バーゴ》検出器が、中性子星合体からの重力波信号を初めて捉えました。その重力波源は、ＧＷ１７０８１７と命名されました。発信源の位置がおおよそ特定できたので、世界中の電磁波望遠鏡がその周囲を探索し、天体を特定するとともに、中性子星合体に伴い放出された電磁波の時間経過を詳細に観測しました。合体当初は青白く光り、数日後に赤外光を放つ天体へと変化したＧＷ１７０８１７からの光は、ｒ過程の元素合成計算を使って部分的に理解できることがわかりました。中性子星であれば、大量の中性子の存在を無理なく理解できます。中性子星の合体がｒ過程の有力な天体環境となった瞬間です。

とはいえ、中性子星合体だけでｒ過程による元素の生成量のすべてを説明できるのか、超新星爆発のｒ過程に対する寄与はどのように考えればよいのか、などといった数多くの難問が残っており、研究の進展が期待されています。特に、スズやアンチモンなどの生成量は中性子星合体の方が支配的である反面、金の生成量は中性子星合体ではまったく観測される値に届かないことが知られており、金に大変価値を置いている人類から見ると皮肉な結果となっています。

重力波の検出を初めて成功させたアメリカのレイナー・ワイス博士、バリー・バリッシュ博士、キップ・ソーン博士の３人には、２０１７年のノーベル物理学賞が贈られました。重力波の検出をきっかけに、世界中のあらゆる観測機器を連携・動員させて進行中の天体現象からの情報を最大限取り尽くす、マルチメッセンジャー天文学の時代を迎えたのです。

元素の起源を知ることは、この宇宙と星の成り立ちを知ること

元素は宇宙の歴史の中で生成されてきました。宇宙の始まりとともにつくられたもの、何世代にもわたる星の光とともに育ってきたもの、爆発的な天体現象で生み出されたものたち。そのおおよその由来は、前世紀に生まれた原子核物理と宇宙物理や天文観測をまたぐ天体核物理学という研究領域において、解き明かされつつあります。

元素の起源の詳細を知るためには、未知原子核の性質や、さまざまな天体現象のメカニズムと元素合成過程との結び付きを、これからも理解していかなければなりません。中性子星の合体と

いう素晴らしい天体ショーを捉え、宇宙からの多様な信号を観測できるようになった21世紀に、すべての元素の起源が解き明かされることを、期待したいですね。

元素の起源を知ることは、この宇宙と星の成り立ちを知ることにつながっているのです。

第4章
質量の起源

再考、質量とは

第2章では、素粒子の標準理論に組み込まれたヒッグス機構という仕組みがW粒子、Z粒子、物質素粒子に質量を与えていることをお話ししました。ただし実は、原子核を構成する陽子や中性子の質量は、ヒッグス機構で与えられているのではありません。では、陽子や中性子に質量を与える仕組みとは？　第4章では、あらためて質量とは何かという話をします。

重いダンベルと軽い風船。2つの違いは、どこからくるのでしょう。それを考える前に、まずは「重い」というのがどういうことかを考えてみましょう。

私たち自身の体はもちろん、地球上の物質はすべて重力によって地球に引き付けられています。重い物質は強く、軽い物質は弱く。つまり、重さとは重力の働く強さだと考えてもよさそうですね。実際、ニュートン博士の万有引力の法則によれば、すべての物質には質量に比例した大きさの重力が働きます。地上では、物質の質量とそれに働く重力の間に比例関係があり、比例定数を「重力加速度」と言います。中学や高校の理科で、9・8m毎秒毎秒（9.8m/s²）という数字が出てきたのを覚えている人もいることでしょう。

地球から遠く離れた宇宙空間ではどうでしょう。あるいは宇宙ステーションの中のような無重力状態が実現している場所では、質量をどうやって決めればいいのでしょう。重力のない世界で質量を体感するには、その物質を押してみればいいですね。質量の小さい物質は楽に動かせるのに対して、質量の大きい物質を動かすには大きな力を必要とします。すべての物質には「慣性の法則」が成り立っていて、静止した物質は静止したまま、ある速度で動いている物質はその速度のままにとどまろうとするのです。慣性の大きさはその物質の質量に比例するので、その物質を加速するために必要な力に応じて質量を定義することができます。

通常、「質量」と言うときは、後者のように慣性を通じて定義されるものを指すことが多いです。これを「慣性質量」と呼びます。ただし以下で述べるように、この慣性質量は、重力に関わる質量である「重力質量」とも密接に関係しています。

質量とはエネルギー

アインシュタイン博士の特殊相対性理論は、時間と空間について、さまざまな驚くべき予言をしています。高速で移動している宇宙船では時間がゆっくり進む、というのもその1つです。ここでは、特殊相対性理論が質量について何を予言するか考えてみましょう。

慣性の法則は、「運動量の保存則」と呼ばれることもあります。運動量、つまり質量と速度の積は、時間がたっても変わらない、つまり保存されます。速度がゼロならゼロのまま、ある速度ならその速度のままにとどまる、ということになります。でも、運動量は、その物質のもつ固有の性質ではありません。それを見る人によって異なるからです。高速で飛ぶ宇宙船の運動量は、地上から見ると非常に大きなものになりますが、宇宙船に乗って一緒に動いている人にとってはゼロのままですね。

運動量は観測する人がどう運動しているかによって異なり、それらの関係は特殊相対性理論が教えてくれる通り、「ローレンツ変換」と呼ばれる操作で結び付けることができます。ローレンツ変換の驚くべき特徴は、空間的な座標と時間とが互いに絡み合っていることで、このおかげでさまざまな驚くべき性質が導かれるのです。ここではその一例を紹介しましょう。ローレンツ変換は、空間座標と時間を混ぜるのと同じように、運動量とエネルギーを混ぜます。

ある速度で運動する物質は決まった運動量をもちますが、その物質と同じ速度で動く観測者にとっての運動量はゼロですね。しかし、両者を関係付けるローレンツ変換によれば、運動量はエネルギーと混ざるので、運動量ゼロのこの物質もあるエネルギーをもつことになります。これが静止した物質がもつエネルギー、つまり静止エネルギーです。その大きさは質量に比例します。これがエネルギーEを静止質量mに関係付ける、$E=mc^2$というアインシュタイン博士の有名な公式です。ここでcは光速を表す定数。つまり、質量とは静止した物質のもつエネルギーということです。

エネルギーこそが重力の源

アインシュタイン博士は、ここからさらに考えを進めました。質量、つまりエネルギーと重力との関係はどうなっているのか。ニュートンの万有引力は質量に比例して働く力でしたが、特殊相対性理論によって質量とは静止した物質のエネルギーに相当することがわかったのです。そうであるなら、重力もエネルギー、そしてエネルギーと混ざる運動量に働くことになります。

ここでは一般相対性理論について詳しく解説することはできません。関係する結果だけを述べます。アインシュタイン博士の一般相対性理論に現れる重力の源は、エネルギーと運動量です。これらが空間を曲げ、曲がった空間の中を走る物質は、あたかも重力を感じているかのように運動するのです。曲がった空間こそが、重力の正体だということです。

ここにきて、２つの異なる質量、重力質量と慣性質量の関係が見えてきました。慣性質量はエネルギーとみなすことができます。そのエネルギーが重力の源になっているのです。そういうわけなので、両者は相対性理論を通じて深く結び付いているということになります。

物質の質量はどこに

質量に話を戻します。すべての物質は、多数の原子が集まってできています。その原子は中心にある原子核と、その周りを取り巻く電子でできています。原子の質量はそのほとんどが原子核に集中していることがわかっており、電子による質量は全体の1000分の1以下でしかありません。だからここでは、原子核のことを主に考えることにします。

原子核とは、陽子と中性子が塊をつくったものだということがわかっています。陽子はプラスの電荷をもつ一方、中性子は電荷をもちません。しかし、電荷以外については、陽子と中性子は非常に似た性質をもっていて、例えばそれらの質量は非常に似ています。この陽子・中性子の質量こそが、私たちの体を含む宇宙のほとんどすべての物質の質量を担っていることになります。

ところで、ダークマター（暗黒物質）という名前を聞いたことがあるでしょうか。宇宙には正体不明の重力源があって、通常の物質の4〜5倍ほどの量が宇宙に散らばっているとされています。これを考えないと、重力にしたがって運動する星や銀河の動きを説明できないので、そういう目に見えない何かが実際にあると考えられています。何しろダークマターの正体は不明ですから、その質量の起源もまったくわかっていません。この章では、とりあえずダークマターのことは忘れて、通常の物質のことを考えることにしましょう。

陽子・中性子の質量はどこに

原子の中の質量は原子核に集中していると紹介しましたが、これがわかったのはラザフォード博士の実験によってでした。原子の中に粒子ビームを撃ち込み、それがどう跳ね返ってくるかを見る実験でした。その結果、多くの粒子は素通りする一方で、ごく少数の粒子は大きく跳ね返されることがわかったのです。つまり、原子の中には何かもっと小さいものがあって、それが粒子を跳ね返しているに違いないのです。

陽子・中性子の中に質量がどう分布しているのかについても、同じようにして調べることができます。陽子に粒子ビームを撃ち込んで、跳ね返ってくる様子を見るわけです。その結果は？　中心に何かあるのか。あるいは全体に何かが分布しているのか。それとも……？

この実験の結果は驚くべきものでした。陽子の中には、やはり何か小さなものがあることがわかりました。ただし、その電荷は陽子の電荷の3分の1や3分の2といった変な値でした。しかも、この小さなものは、粒子ビームをぶつけるたびに、そのエネルギーが異なったのです。陽子全体の何分の1とかいうはっきりした値ではなく、ぶつけるたびに変わり、ぶつかった何かのもつエネルギーは連続的に分布していました。この妙な「何か」こそ、クォークと呼ばれるようになった素粒子です。

クォークは実在か

陽子・中性子の中に分布していると思われるクォーク。さまざまな実験結果を組み合わせると、どうやら陽子・中性子はそれぞれ3つのクォークでできているらしいのです。ただし、質量を3分の1ずつ仲良く分け合うのではなく、個々のクォークがおよそ3分の1のエネルギーをもちました。でも正確に3分の1ではなく、測るたびにかなり違っているという不思議なことになっていました。

さらに不思議なのは、いくら探しても単独のクォークが見つからないことでした。クォークは陽子・中性子の中には存在しますが、そこから取り出すことができません。「クォークの閉じ込め」と呼ばれるこの性質のおかげで、クォークは実在する粒子なのかどうかさえ怪しいと思えてきます。

誰も見たことのないクォークでしたが、その存在を仮定した理論と実験とはあらゆるところで一致しているので、その存在を疑う専門家は少ないです。ただし、閉じ込めという性質も含めて理解する必要があり、クォークはやはり厄介な素粒子には違いありません。

クォークの基礎理論とは

単独で取り出せないクォークの質量を、直接測定することはできません。陽子・中性子の中に粒子ビームを撃ち込む実験である程度調べることはできるはずですが、やるたびに変わるという問題がありました。これでは質量の起源の探求は迷宮入りではないのか……。こういうときには、別の角度から考えてみるべきでしょう。まずは、素粒子標準理論の一部であるクォークの基礎理論から考えてみることにしましょう。

クォークに働く力は、４つの基本的な力のうちの１つで、「強い力」あるいは「強い相互作用」と呼ばれます。他の３つとは、重力、電磁気力、弱い力です。強い力は、文字通り力が強いので、電磁気力による反発をものともせず複数の陽子をつなぎとめて原子核をつくることができます。もともとは、陽子や中性子に働く力を強い力と呼んでいました。現在では、クォークに働く強い力が少しだけ陽子・中性子の外にまで漏れ出したものが、陽子・中性子の間に働いていると理解されています。

クォークに働く強い力。その基礎理論は「量子色力学」と呼ばれています。クォークがもつ「色」という、ある種の電荷に働く力です。ここで登場する「色」は、私たちが見る色とは関係ありません。クォークがもつこの特別な電荷には３つの成分があって、その混ぜ合わせでできているので、光の三原色との連想でそう呼んでいるにすぎません。

強い力が強いわけ

量子色力学は、電磁気力の理論と非常に似たものですが、電荷に相当する「色荷《しきか》」が３種類（３色）あるところが、大きく異なります。そのために電磁気力を伝える光子に相当するグルーオンはそれ自身が色荷をもち、強い力を伝える役割を担うだけでなく、クォークと同じように、それ自身が力の源にもなるのです。すると、どうなるでしょう。

クォークには強い力が働きます。力を伝達するグルーオンにもやはり強い力が働き、その力を伝達する別のグルーオンにも……、という具合に力が雪だるま式に増えていきます。つまり、遠くで働く力は、やがて無限に強くなります。これこそが、強い力が「強い」理由で、クォークが単独で存在できない理由でもあります。ただし、「無限に」強い力というのはあり得ません。そこでは何かおかしなことが起こっているはずです。

何もない真空で起こっていること

雪だるま式に力が強くなる量子色力学では、通常では考えられないことが起こります。強くなった力の影響を受けるのは、クォークだけではありません。普通は何もないと考えられる真空も大きな影響を受けるのです。どういうことでしょう。

ミクロの世界の基本原理である量子論では、粒子などが存在しない真空から粒子と反粒子の対生成が起こってもよい、ということがわかります。エネルギー保存の法則を破るから駄目だと思われるかもしれませんが、ごく短い時間のうちに対消滅により再び消えてしまえば、量子力学の不確定性関係の許す範囲内で可能なのです。こうして真空からいつの間にか対生成で生まれたクォークは、やはり色荷をもっているので、例によって雪だるま式に強い力が働き、力を伝える役割のグルーオンを次々と生み出します。再び対消滅するまでの間に、こうしたややこしいことが起こっているのです。

何もないと思っていた真空では、クォークの対生成・対消滅に引き続いてグルーオンが次々と湧き出ては消えるのを繰り返している。真空にはクォークと反クォーク、それにグルーオンが埋まっている、と言ってもよいのです。

クォークに何が起こるか

真空が何もない空間ではなく、クォーク・反クォーク、グルーオンで満たされた空間だとしたら、何が起きるのでしょう。そこにクォークが1個飛び込んできたとします。このクォークは、真空中に埋まった反クォークと対消滅を起こします。ただし、そのままではエネルギーが保存されないので、同時に真空中からクォークをたたき出すことになります。クォークが真空中で玉突き衝突を起こしたと思ってください。玉突き衝突はクォークが進むにつれて次々と起きます。全体としては1個のクォークが走っているように見えるかもしれませんが、実際は多数の玉突きの結果ということになります。

クォークにとって、この真空中を進むのは一苦労です。簡単には進めず、常にある種の抵抗を感じながら進むことになります。このことは、「クォークが質量を獲得した」と表現してもよいですね。本来は光速で飛ぶはずのクォークが減速される。その度合いが質量として現れるためです。得られる質量の大きさは、真空中に埋まったクォーク・反クォークの密度によります。この質量は、およそ陽子・中性子の質量の3分の1程度です。そのクォークが3個集まると、陽子・中性子の質量になっているのです。

「質量の起源は真空にあり」でいいのか

物質の質量のほとんどは陽子・中性子に帰せられる、と述べました。そして、陽子・中性子の質量は、量子色力学の性質にしたがって真空に埋まったクォーク・反クォークに起源をもつと。物質の質量の起源を突き詰めていくと、真空に行きつきます。驚くべきことではありませんか。しかも、話はこれで終わりではありません。わずかであるとはいえ、電子にも質量があるのでした。その電子の質量は、どこからきているのでしょう。

その話をする前に、そもそも、なぜわれわれは質量の起源を気にしているのでしょう。電子には、ある値の質量がある。そういうものなのだ。そう考えてはいけないのでしょうか。実際、ある時期までは、それで問題ありませんでした。「パリティ対称性の破れ」が見つかるまでは。

右と左を区別するもの

素粒子物理における数々の発見の中で最も驚くべきものは、おそらく１９５７年の「パリティ対称性の破れ」の発見でしょう。日本語では「鏡映対称性の破れ」と呼ばれます。磁場の中で右回りに回転する粒子と左回りに回転する粒子に働く物理法則は異なります。単純に考えると、右回りと左回りは互いに鏡に映した世界なので、すべての左右をひっくり返せば同じことが起こりそうに思えます。しかし、自然はそうなっていないらしいのです。その後の発展によってわかったことは、自然界の４つの力の１つである「弱い力」が、右回りと左回りを区別していることでした。弱い力は、原子核のベータ崩壊（原子核が電子とニュートリノを放出して種類を変える反応）を引き起こす力として知られています。

重力や電磁気力は、右と左を入れ替えても法則は変わりません。私たちの日常でパリティ対称性の破れを感じられないのは、弱い力が日常的な距離のスケールでは弱すぎて実感できないためです。弱い力が顔を出す原子核や陽子・中性子のスケールにまでズームすることで、初めて違いが見えてきたのです。

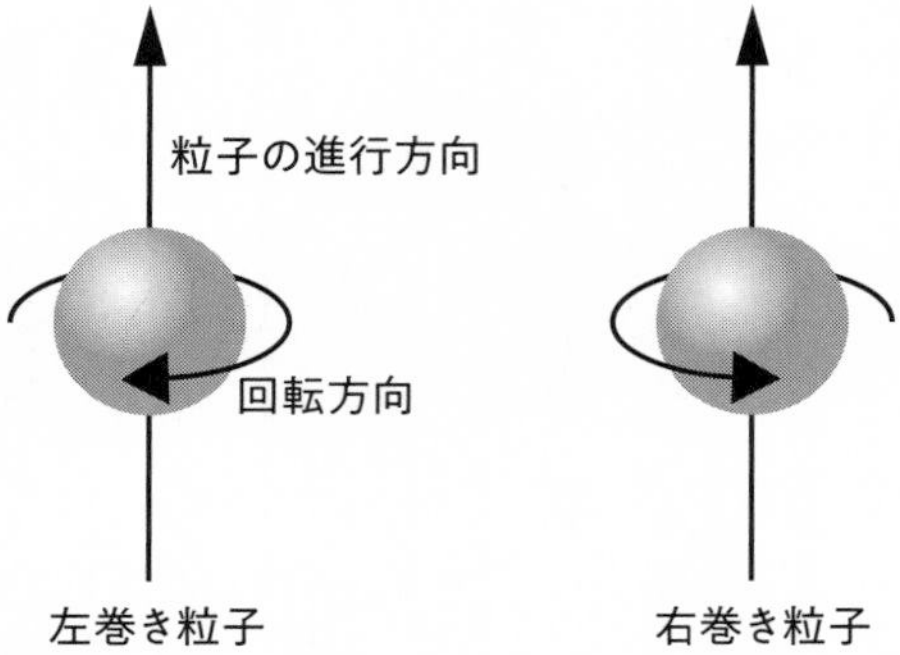

図 4-1 素粒子のスピンの向き
スピンとは、素粒子がもつ自転しているかのような性質。素粒子の進行方向に向かって時計回りに回転する素粒子は右巻き粒子、反時計回りは左巻き粒子

右巻き粒子と左巻き粒子

1個の素粒子に注目したとき、右と左はどう定義すればよいでしょう。静止した1つの点には右も左もありません。しかし、現実の素粒子は、「スピン」という重要な性質をもちます。スピンとは、素粒子がもつ、あたかもスピン（自転）しているかのような性質のことです。量子論の一般的な制限によって自転の速さには最小単位があって、多くの素粒子はその最小の大きさのスピンをもって自転しており、決して止まることはありません。

では、その回転は、どっち向きなのでしょう。1個の素粒子にとって北極と南極はどっちか、という問題です。もちろん、何もない空間には北も南もありません（磁場があれば別ですが、今は磁場のない空間を考えることにします)。方向のない空間に置かれた素粒子ですが、ここに1つ基準となる方角があります。その素粒子自身が走る方向です。その方向に沿って自転の向きを区別することができるでしょう。進行方向に向かって時計回りに回転する素粒子は右巻き、反時計回りは左巻き、という具合です(図4-1)。粒子の進行方向に右手の親指を突き出し、残りの4本の指先が回る向きと同じ向きに回るのが「右巻き粒子」、同じことを左手で行ったときに4本の指が回るのと同じ向きに回るのが「左巻き粒子」です。

弱い力が働くのは左巻き

こうして定義した素粒子の右巻きと左巻き。弱い力は、これらのうち左巻きの粒子だけに働くことがわかっています。驚いたことに、弱い力は、右と左を完全に区別しているのです。

ここで、ある重大な問題が残ります。素粒子が走る方向を基準に右巻きと左巻きを定義できると述べましたが、では静止した素粒子ではどうなるのでしょうか。もはや右と左は区別ができないではないか。そのとき、弱い力は働くのでしょうか、働かないのでしょうか。

ここに質量が関わってきます。そもそも素粒子が静止できるということ自体が、質量の存在を意味しています。質量と静止エネルギーは比例しているので、質量ゼロの粒子の静止エネルギーはゼロ。その存在すらなかったことになってしまいます。実際には、質量ゼロの粒子は静止することはなく、必ず光速で飛びます。特殊相対性理論には、どんなに速く走る観測者が見ても光速は光速のままで一定値になるという原則があります。光速で飛ぶ粒子（光、つまり光子もそうです）は、誰が見てもやはり光速で飛ぶのです。そこでは右巻きと左巻きを、あいまいさなく区別することができます。弱い力は、このうちの左巻きだけに働くということです。

すべての素粒子はもともと質量ゼロ

右巻きの素粒子と左巻きの素粒子は、弱い力を考えると、まったくの別物だということがわかりました。これらをあいまいさなく区別できるということは、そもそもこれらの素粒子は質量ゼロだったからということです。現在の宇宙では、ほとんどの素粒子は質量をもっていますが、これは何らかの理由で右巻きと左巻きの粒子が常にかつ瞬時に入れ替わり続けているためなのです。弱い力が働くのは、そのうちの左巻きになった瞬間にだけ。なんとも不思議な感じがしますが、こう考えるより他にないのです。

質量の起源が問題にされる理由が、ここにあります。もともと質量ゼロだった素粒子に、いったい何が起こって質量をもつに至ったのでしょうか。

再び真空の話

ここまでの中に、すでにヒントがあります。クォークと反クォークが真空に埋まる、という話です。真空を走るクォークが真空に埋まった反クォークと対消滅し、その瞬間にもう1個のクォークをたたき出す。それが質量の源だという話でした。この真空中の玉突き衝突ですが、もう少し正確に言うと、クォークが真空で玉突きを起こすたびに、その右巻きと左巻きが入れ替わるようになっているのです。右巻きと左巻きの入れ替わりと質量の生成は、こうして密接に対応しているのです。

電子は強い力を感じないので、真空中に埋まったクォーク・反クォーク対は電子の質量には無関係です。しかし、真空中に他の何かが埋まっていて、電子の右巻きと左巻きを入れ替えてくれれば、本来は質量ゼロだった電子に質量をもたせることができるでしょう。真空にはクォーク・反クォーク対の他にも何かが埋まっているのか。それは何でしょう。

真空に埋まったもう1つの何か

2012年、欧州合同原子核研究機構（CERN）から「ヒッグス粒子発見」のニュースが伝えられました。ヒッグス粒子は「素粒子標準理論の最後のピース」あるいは「神の素粒子」などともいわれましたが、いったいどういうことでしょう。そう、このヒッグス粒子こそ、真空に埋まっているもう1つの何かに関係しているのです。

質量があれば、右巻きと左巻きの入れ替えが生じてしまいます。自然界に弱い力があり、弱い力が左巻き粒子にしか働かないということは、弱い力に関わる素粒子は質量がゼロでなければならないことになります。実際には、多くの弱い力に関わる素粒子には質量があります。そこで、素粒子に質量をもたせて右巻きと左巻きの粒子を入れ替えるために、真空中に右巻きと左巻きを入れ替える何かが埋まっていないといけないことになります。苦肉の策として導入されたのが「ヒッグス場」だったのです。ヒッグス場は、量子色力学の場合の真空中に埋まったクォーク・反クォーク対の役割を果たすように導入されました。ヒッグス場が真空中に凍りついて埋まっていると、他の素粒子がそこで玉突きを起こして右巻きと左巻きが入れ替わります。クォーク・反クォーク対の場合と異なるのは、それがクォークだけでなく電子などの粒子にも働くことです。おかげで電子が質量をもつことができました。

では、電子の質量の大きさは、どうやって決まっているのでしょう。これはある意味単純で、電子とヒッグス場との結合の強さというパラメータとして、理論の中に入っているのです。結合が強い粒子は重く、結合の弱い粒子は軽い。実は、クォークもこのヒッグス場との結合をもつために、ヒッグス場を通じても質量を得ています。その大きさは電子よりも10倍程度大きいですが、それでも陽子・中性子の質量を説明するには小さすぎます。クォークは、真空中のヒッグス場にぶつかり、さらにクォーク・反クォーク対にもぶつかり、いわば多重衝突によって質量を得ているのです。そのうちほとんどはクォーク・反クォーク対によるもの、ということです。

ヒッグス粒子！

質量が生まれる仕組みはこうして説明することができますが、それでも真空中に埋まったヒッグス場の正体はいったい何かという問題は残ります。クォークのように物質をつくっている何かではなさそうです。では、どんな性質をもったものなのか。さらに調べるには、その何かを真空からたたき出して測定するのがよいでしょう。

それが始まったのが2012年、CERNの大型ハドロン衝突型加速器（LHC）実験でした。ヒッグス場は、素粒子に質量を与える役割を担っているだけあって、ほとんどの粒子と結合をもちます。結合の強さは、それぞれの粒子の質量の大きさに比例しているはずです。それを確認できれば、ヒッグス場が質量を生み出していることの動かぬ証拠になります。

2012年以降、この測定は目覚ましく進展し、いくつかの軽い粒子を除いては、この比例関係が確認されました（軽い粒子はヒッグス場との結合が弱いので、測定するのも難しいのです）。素粒子に質量を与えているのは真空中に埋まったヒッグス場。この理解は、これで確立したと言っていいでしょう。

真空の相転移

質量の起源をたどることで、真空に埋まったクォーク・反クォーク対やヒッグス場に行きつくことになりました。素粒子を調べることは真空、つまり、すべての素粒子が住む空間そのものを調べることにつながるのです。この空間自体も元からそこにあったものではなく、宇宙の誕生と同時に生まれたものだと考えられています。では、この真空は、いつ、どうやってできたのでしょう。

宇宙は、ビッグバンという途方もない爆発によって始まったと考えられています。ビッグバンの時期の宇宙は非常に高温、つまり高エネルギーの素粒子がでたらめに飛び交う状態にあり、原子はおろか陽子・中性子すら存在せず、クォークがバラバラに飛び回っていました。宇宙がこれだけエネルギーに満ちた状態にあると、クォークがひっそりと真空に埋まるような悠長なことは起きません。埋まろうとしたクォークは、すぐに他のクォークにたたき出されて、とどまることがないからです。ヒッグス場も同様で、あまりに高温の宇宙では、真空に埋まることはできず、ただヒッグス粒子が光速で飛び回るだけという状態でした。

この高温のガスのような状態にある宇宙も、空間の膨張とともに徐々に冷えていきます。熱としてたまっていたエネルギーも空間が引き伸ばされて薄くなり、温度が下がるわけです。温度が十分に下がれば、ヒッグス粒子の中には真空に埋まるものが出てきて、やがて真空はヒッグス場で埋め尽くされるでしょう。他の素粒子は、真空に埋まったヒッグス場にぶつかって質量をもつようになり、それが現在まで続いているということです。

このような物質の状態変化のことを「相転移」と呼びます。H_2Oの分子が多数集まったものが水ですが、その状態は温度によってまったく異なります。高温では水蒸気という気体だったものが、温度が100℃を下回ると液体の水になります。分子レベルまでさかのぼれば同じ水分子でできているのに、それが多数集まると、これほど違う状態になることができるのです。宇宙に多数存在する素粒子でも似たようなことが起きました。それが「真空の相転移」です。

次々と起こる相転移

素粒子の標準理論に基づくと、宇宙は冷えるにつれて、いくつかの相転移を経験したようです。その1つがヒッグス場の相転移で、「電弱相転移」と呼ばれます。これにより、もともと質量ゼロだった素粒子が質量を獲得しました。さらに冷えてくると、今度はクォーク・反クォーク対が真空に埋まり、同時にクォークはバラバラに飛ぶことができなくなって陽子・中性子に姿を変えました。これを「量子色力学の相転移」と呼びます。現在の物質の質量のほとんどがつくられたのは、この瞬間でした。

この後の宇宙は、陽子・中性子と電子、ニュートリノからなります。中性子はやがてベータ崩壊を起こして陽子に変わるので、宇宙は、ほぼ陽子と電子でできた気体（プラズマ）の状態になったでしょう。さらに冷えてくると、バラバラに飛んでいた電子が陽子につかまって水素原子をつくり、ようやく現在の宇宙に近い状態が実現することになりました。

第5章
力の起源

力についての復習

第4章では、あらためて質量を取り上げ、その起源をたどりました。この章では、あらためて「力」を取り上げ、その起源の話をしましょう。まず、おさらいです。

力は、第2章でも取り上げました。力には多くの種類があるように思えますが、分類すると、宇宙に存在する力は4種類しかありません。「電磁気力」「重力」「弱い力」「強い力」です。このうち、特に日常生活で使われるのはほぼ、電磁気力と、地球が私たちを引っぱってくれる重力です。弱い力と強い力は、人類が20世紀になって原子より小さい現象に取り組むようになって初めて、その存在に気が付きました。さらに、電磁気力、弱い力、強い力の3つの力は、素粒子が伝えることもわかりました。人類が最も昔から知っている重力は、力を伝える素粒子として「重力子」なるものが考えられていますが、今のところ、その考えが正しいという実験事実はありません。

そもそも物理学は何を解明する学問なのか

こうした4つの力の起源の話に入る前に、あらためて物理学とは何を解明する学問なのかを、お話ししましょう。

物理学が明らかにしようとしているのは、ぱっと見は別物のように見える事柄をうまくまとめ、「違う事柄」の数を減らすことにより、物事をさらによく理解することです。力に関していえば、「力の統一」を目指すと言ってよいでしょう。

電気の力と磁気の力の理解の進展

そのよい例は電磁気力です。電磁気力は、「電気の力」と「磁気の力」という別々の現象として人類の前に登場しました。摩擦で現れる電気には正（プラス）と負（マイナス）があり、符号が異なると引き合い、同じだと反発することが知られていました。磁石にも2種類の極があり、その間で引き合いや反発をします。しかし、磁石が引き起こす磁気の力と電気の力が働く現象は、まったく異なって見えました。

その後、１８００年にイタリアのアレッサンドロ・ボルタ博士が、2種類の金属の接触によって電流が発生することを発見し、電池を作製しました。電池の発明によって電流を生み出すことができるようになり、電気を自在に扱えるようになります。続いてデンマークのハンス・エルステッド博士が、電気を通した導線の近くに置いた磁針が振れることに気付き、電流が流れると周りに磁場が形成されるという「電流の磁気作用」を発見しました。それまで別物のように見えていた電気の力と磁気の力の間の関係に気が付き始めます。

ほぼ同時期には、鉄心に巻き付けた導線に電流を流すと磁石になるという「電磁石の原理」の発見が続きます。そして、イギリスのマイケル・ファラデー博士は、磁気がつくり出す導線のコイルを通り抜ける磁力線の数が時間的に変化すると、導線に誘導起電力が発生するという「ファラデーの電磁誘導の法則」を発見し、電流を発生させるのに磁気が使えることに気が付きます。これがタービンを回すことで電力を得る、現代の発電機の原理となりました。

近接力としての電磁場理論の登場

ファラデー博士は、こうした一連の電気と磁気の力の実験を行った結果、離れたものの間で働くように見える電気の力や磁気の力の伝わり方について、新しい知見を得ました。そして、ゴムチューブのような構造が空間に存在し、それが押し合いへし合いすることで、一足飛びではなく徐々に力が伝わるという「近接媒体電磁場」のイメージを提唱しました。

ファラデー博士の徐々に力の影響が伝わるというイメージにより電気の力と磁気の力が働く関係を数式にまとめ、第1論文「ファラデーの力線について」を発表したのが、イギリスのジェームズ・マクスウェル博士でした。その後、第2論文「物理的力線について」を発表し、いわゆる「電磁場理論」を提唱。続いて第3論文「電磁場の動力学的理論」で電磁波の存在を予言し、この波の速さが当時測定され始めた光の速度とほぼ同じであることから、電磁波が光の正体であることに気が付きます。

こうして電気の力と磁気の力という一見まったく異なるように見えた2つの現象が、実は深く関係していることに人類は気が付いたのでした。

高校の物理で学んだことを思い出してみよう

高校の物理で最初のころに学ぶ問題を思い出してみましょう。斜面に置いた物体が滑り始める条件は何かという「釣り合いの力学問題」がありました（図5－1）。高校生は、ここで初めて現象を分解して考える「分析」を学びます。

まず、斜面に置かれた物体に働いている力をすべて書き出します。そのために、考察する対象の物体に接しているものを数え挙げます。斜面の問題では、物体が接しているのは斜面です。その斜面から物体は、「抗力（N）」という斜面からの垂直な力と、滑り落ちをとどめる「摩擦力（$\mu' N$）」を受けます。ここで μ'（ミューダッシュ）は摩擦係数です。この問題では、物体が接しているものは斜面の他にないので、接していなくても受ける力としての重力（mg）を考え、それを問題の図に書き表します。ここで m は物体の質量です。他にも電気や磁気の力が働いていたら、それを図に書き込みます。こうして考える対象の物体に働く力をすべて書き込み終わると、物体が斜面で止まっているという状態になる条件としての力の釣り合いを考えて問題を解きまし

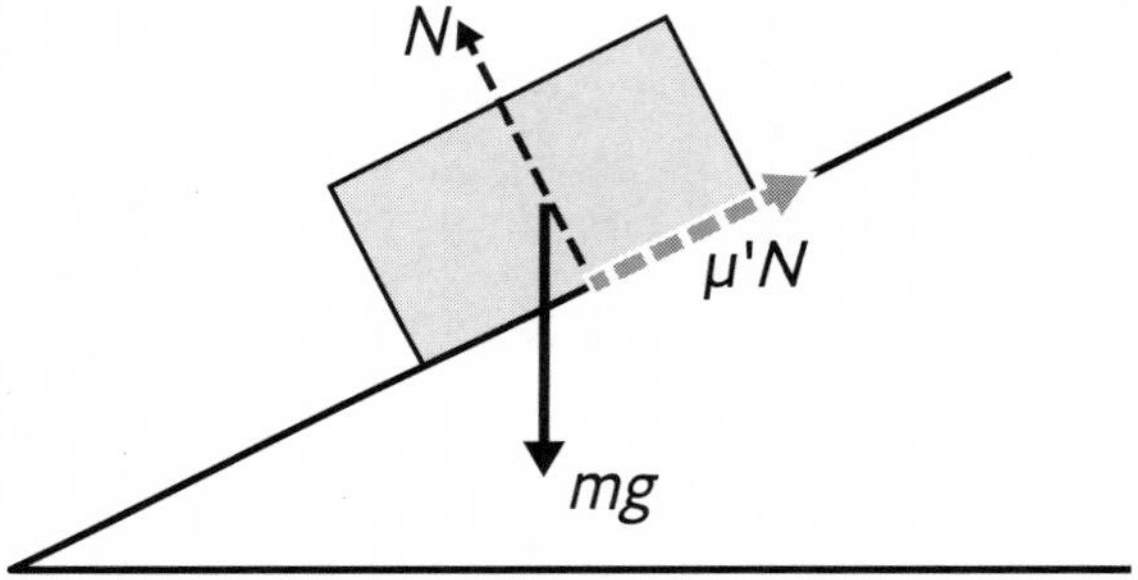

図 5-1 | 斜面上の物体の力の釣り合い問題の状況図

た。

ここで注意すべきことは、高校の物理ではこの問題を解くときに、重力と電磁気力は近接して働く力（近接力）ではなく、離れて直接伝わる力（遠隔力）と考えるよう学んだ、ということです。ところが、ファラデー博士が実験結果からイメージした近接媒体電磁場説や、マクスウェル博士の電磁気力の法則の中心は、電磁気力はもはや遠隔力ではなく、近接的に働く電場や磁場を考えて現象を分析するというものでした。

実は、斜面の物体の釣り合い問題において、物体が斜面から受ける抗力と摩擦力の正体は、いずれもミクロの世界から見直せば、電磁気力です。大学の物理では、電磁気力は、時空の各点が物理量をもつ「場」である電場や磁場を通して伝わるという概念で学び直します。つまり、すべての力を近接力として捉えるのが現代物理学です。重力もニュートン博士の時代には遠隔力でしたが、アインシュタイン博士による一般相対性理論が提唱されてからは、エネルギーの存在によって重力場に生じた時空のゆがみによる近接力と捉えています。

このように、人類の黎明《れいめい》期では異なる現象として捉えられていた電気の力と磁気の力は、深く関わりがある現象でした。しかも、電気の力を伝える電場と磁気の力を伝える磁場は、現象の観察者の状態によりそれぞれの影響の割合が異なるという不可分の「電磁場」なのです。

この電場と磁場が不可分の存在であるという見方は、アインシュタイン博士の特殊相対性理論の提唱を経た現時点の視点からマクスウェル博士の電磁気の方程式を見直すことで理解できます。

アインシュタインの特殊相対性理論から見たマクスウェル方程式

アインシュタイン博士の特殊相対性理論の要点は、次の2点です。

①互いに等速度運動をしているすべての慣性系において、すべての運動法則はまったく同じ形で表され、それらの慣性系の中から特別なものを選ぶことはできない。

②いかなる慣性系においても、その系に対して静止している観測者にとって光速は一定値をもつ。

ここで「系」という物理用語が出てきました。系とは、今考えている物理現象が起きていて、観測者のあなたを含む世界のことです。また、①の「慣性系」とは、そのあなたのいる「系」が加速度運動を行っていないことを意味します。例えば、自転車で走り始めて速度を上げているとき、ブレーキをかけて減速しているとき、あなたは慣性系にはいません。また、自転車で右に曲がろうとするときも、自転車の向きが刻々と変化するので、あなたは慣性系にはいません。

①の主張は、大変に強いものです。あなたがいる慣性系での実験から得られた運動の法則の式と、友人がいる別の慣性系での運動の法則の式は同じになるので、友人が加速度運動しないで向こうから近づいてきたときに、はっきりとできるのは相対的な速度の差のみで、自分が止まっていて向こうが近づいてきたのか、両方が近づいているのかの判断を下すことはできません。運動の法則の式から止まっている系を判別することは不可能である、と言っています。

適切に混じり合う電場と磁場

電磁気現象を観察しても止まっている系を判別することは不可能であることに注目したのが、アインシュタイン博士でした。ここで具体的な事例をお話ししましょう。図5－2をご覧ください。

1本の電線に左から右に（x軸の向きに）電流Iが流れています。電流の下に距離rだけ離れたところに置いた正の電荷qをもつ荷電粒子が、速度vで電流と同じ向きに動いています。こ

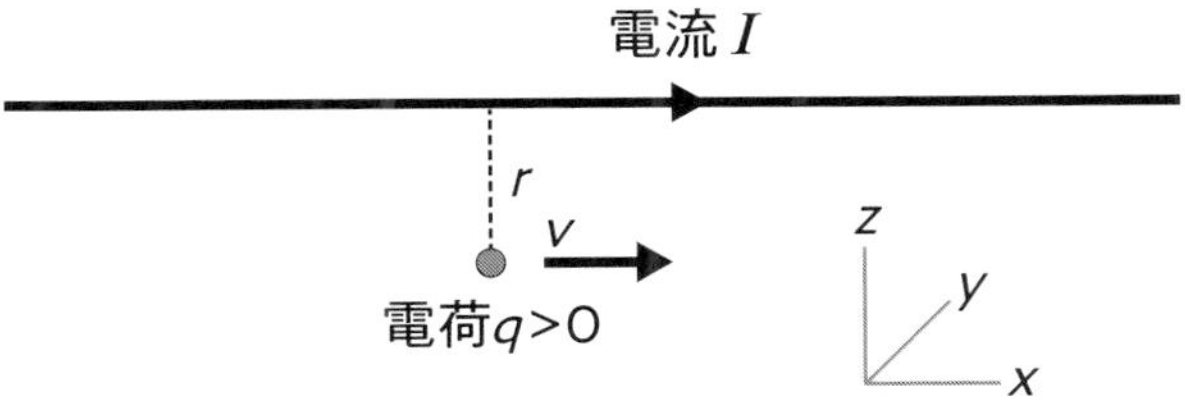

図　5-2　電流に平行に速度vで移動する荷電粒子が受ける力の考察

のとき、荷電粒子にかかる力は、どういったものでしょう？

高校で習った物理を思い出すと、まず、電流の正体は金属導線中の自由電子なのですが、止まっていない（帯電していない）ので、電流から生じる電場はゼロです。しかし、直線電流からは「アンペールの法則」により、磁場Bが生まれています。アンペールの法則とは、電流が流れているとき、その近くにできる磁場の方向を判定する法則のことです。磁場の方向は、電流が流れる方向に右ねじを進めようと考えたときに、ねじを回す向きと一致します。

図5-2において、荷電粒子の場所では、紙面の手前から奥のy軸の向きに磁場ができています。したがって、荷電粒子は磁場Bからローレンツ力を受けて電流に引き付けられます。ローレンツ力とは、荷電粒子が電場や磁場中にあったときに受ける力です。この問題では、電流Iは電場をつくらないので、アンペールの法則によって発生した磁場から力を受けます。受ける力の大きさは、粒子の電荷qとその速度v

と磁場の大きさBの積で与えられます。力の向きは、電流に引き付けられる上向き（z軸の向き）です。

次に、この問題を、速度vで右向きに運動している荷電粒子の慣性系から考えます。速度の合成則によりこの慣性系の観測者から見た荷電粒子の速度はゼロです。ローレンツ力は荷電粒子の電荷qと荷電粒子の速度vと磁場の大きさBの積なので、速度vがゼロならば、受ける力もゼロになってしまいます。電流の生み出す電場は存在しないので、荷電粒子には力が働かないという結果になってしまいました。

もし慣性系を変えただけで現象が変わってしまえば、慣性系を区別することができてしまうので、前に挙げた①に抵触します。では、一見違った現象を観測しそうなこの問題の状況で、異なる慣性系からでも同じ現象を観測するのはどうしてでしょう?

アンペールの法則により電流がつくり出している磁場は存在します。ここが謎を解く鍵です。大学の物理では、速度vで運動する観測者は磁場を電場として感じることを学びます。この問題の場合は、電流は電場をつくり出していませんが、運動している荷電粒子は、電流がつくり出している磁場を電場と感じて力を受けるのです。その力の向き及び大きさは、観測者が止まっていた元の系で磁場から受けるローレンツ力の向き及び大きさと同じです。

この問題では関係ありませんが、速度vで運動する観測者は、電場が存在するところを運動するときは、vに応じて今度は電場が磁場として働きます。このように電場と感じて影響を受けるか、磁場と感じて影響を受けるかは、観測者の慣性系に依存しています。この節のタイトルにある「適切に混じり合う」とは、慣性系の運動の違いに応じて電場と磁場の量が適切に混じることを意味し、異なる慣性系からでも観測者は同じ現象を観測します。これが大学で学ぶ電磁場の方程式による運動の解析になります。

ところがニュートン博士の運動方程式は、観察する慣性系が異なると別の現象を観測する、という奇妙な結果を導きます。そこで、マクスウェル博士の電磁場の方程式を踏まえ、アインシュタイン博士が、ニュートンの運動方程式を修正する特殊相対性理論を提唱しました。

ゲージ原理で決める電子と光の法則

電場による力と磁場による力は、電磁場として統合されることで、異なる慣性系からでも観測する現象が変わらないように混じる構造になっていることがわかりました。ここまでが、まだ量子を知らなかった時代に人類が到達した電磁気学の方程式の結果です。

その後、量子の考えが進み、電磁場の正体が実は質量がゼロで電磁気力を伝える光子であるという理解に到達し、そして完成した光子と電子の運動を予測する理論が「量子電磁力学」です。この理論は、人類が手にした最高精度の予測能力をもつ理論です。物理学者はこれをひな型とし、電場や磁場のように異なる力と見えている他の力も、見え方が違うだけであると理解ができないか、という試みを始めました。この考えの根本にあるのが「ゲージ原理」です。

第2章で少しお話ししたように、素粒子というのは、位置を測定しようとしなければ宇宙全体に広がる「量子場」として存在しています。量子場は、位置を測定するとどこか1点に「粒子」として存在するのですが、位置を測定しないときは全空間に値をもち、「波」のように広がっている存在です。電子場も、そうした存在です。そして対象となる素粒子の位置を測定しようと試みると、その場所での値の2乗が、そこに存在する確率に比例します。ただし、その値は複素数で表されています。ここから少しの間、数式が出てきます。飛ばしながら読んでも差し支えありません。

長さや重さを表す数字は、実数で表されています。実数は、2乗すると必ず正の数になる数です。ところが人類は、方程式を解くためには2乗して負になる数を導入すると広範に方程式が解けることに気が付き、虚数単位（i）という、2乗すると-1になる数字を導入しました。実数と虚数単位を組み合わせた数が、複素数です。

粒子の存在確率を計算するのに必要な複素数zは、

$$z=a+ib$$

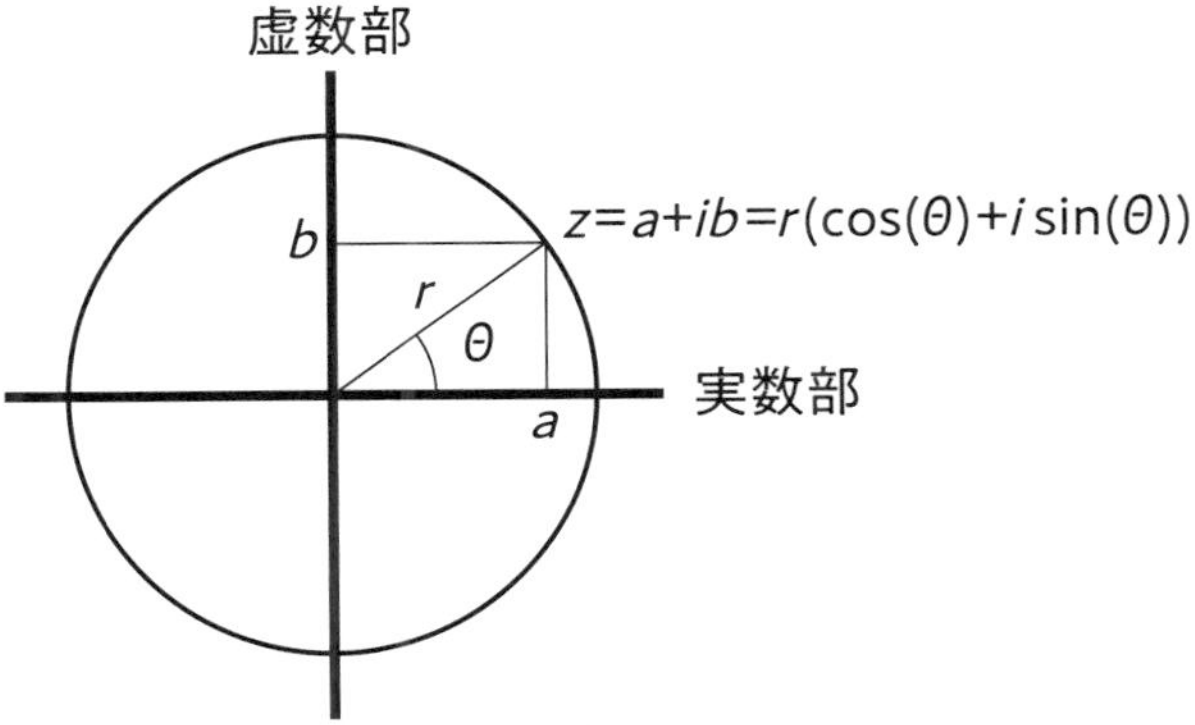

図 5-3 ｜ 複素数を図示するガウス平面

であり、存在確率に比例する絶対値の2乗は、

$$|z|^2=(a+ib)(a-ib)=a^2+b^2$$

です（ここで a と b は実数）。

複素数は図5－3のように、複素数の実数部を x 軸に、虚数部を y 軸に表現したガウス平面と呼ばれる2次元の座標上に表現することができます。図5－3には、複素数

$$z=a+ib$$

を回転盤のように極座標表現にした

$$z=r(\cos(\theta)+i\sin(\theta))$$

も書かれています。ここで r は原点からの距離の絶対値です。θ（シータ）は実数部を表す x 軸からの角度で、単位は1回転360度を2πとする

ラジアンです。この角度θを「電子場の位相」と呼びます。この位相こそが、電子の波ともいわれる現象を生み出す源です。それは例えるなら、空間の各点には方位磁石のようなものが張り付いていて、針の長さが複素数zの絶対値rで、針の回転角度が位相θです。この位相θ自体は観測できません。なぜなら、位相が変化しただけで絶対値rが変わらなければ、三角関数の公式で$\cos^2(\theta)+\sin^2(\theta)=1$であったことを思い出すと、

$$|z|^2=r^2|\cos(\theta)+i\sin(\theta)|^2=r^2(\cos^2(\theta)+\sin^2(\theta))=r^2$$

となり、電子の位置の存在確率に比例する量である$|z|^2$は変化しないからです。

では、位相は電子の物理現象の何に関係しているのでしょう？　針の方向は、隣り合う点では少しずつ回転するようになっています。針の絶対的な方向には意味はありませんが、隣り合う点の針の回転には意味があって、位相の回転の様子が電子の速度に関係します。位相回転盤の面が同じ方向を向いて時間的に一定の回転をすると、電子はその位相回転盤の面に対して垂直の向きに一定の速度で移動します。これを式にすると、

$$(\text{質量})\times(\text{電子の速度})=(\text{位相の進み})\times h/2\pi \qquad (\text{式}5-1)$$

となります。「位相の進み」とは、電子場が場所の変化に伴って位相が進む量のことです。hは

「プランク定数」と呼ばれる量子の世界を特徴付ける定義定数で、6.62607015×10^{-34}J・s（ジュール・秒）です。πは円周率で、3.14159265...です。式5－1は、量子力学における電子の粒子と波動の二重性を示す式です。

物理学者は、電子の位相のらせんを一部だけひねる「局所的なゲージ変換」を行うとどうなるかを考えました。局所的に位相を変えると、位相の進みが変わってしまい、式5－1が成り立たなくなってしまいます。しかし、人間の観測はしょせん局所的な範囲に限られています。そこで、局所ゲージ変換をしても物理が変わらないように電子場と一緒にゲージ場という他の場が用意されていて、空間のあるところで電子の位相が局所的に変化する場合の基本法則の式（式5－1）は、

（質量）×（速度）＝（位相の進み）×$h/2\pi$－（ゲージ場）　（式5－2）

となっていると考えました。ゲージ場も、電場や磁場のように空間の場所場所に値をもち、それらの値は時間とともに変動します。その場所での値の取り方、時間的な変動の仕方を規定する「ゲージ場の運動方程式」もあります。

ゲージ変換を行って、位相をθだけ変化させると、

（位相の進み）→（位相の進み）＋θ

と局所的に位相がねじれますが、同時にゲージ場の方も、

（ゲージ場）→（ゲージ場）＋$h/2\pi\times\theta$

と変化させる、と約束しておけば、

$\{$（位相の進み）＋$\theta\}\times h/2\pi-\{$（ゲージ場）＋$h/2\pi\times\theta\}$
＝（位相の進み）$\times h/2\pi-$（ゲージ場）

となり、局所的な位相のねじれθの変化の影響は打ち消し合ってなくなります。つまり「上記2つの変換を同時に行うゲージ変換を行えば、電子の基礎方程式（式5－2）は変わらない」のです。電子場にとってのゲージ場が、光子場です。

1918年にドイツの数理物理学者ヘルマン・ワイル博士が長さの単位を場所ごとに変える理論の構築に「ゲージ」という用語を使いました。そこで、上記の時空の各点ごとに違う位相変換をさせても現象が変わらない式にすることを「電子場に光子場を作用させて電子場に局所ゲージ対称性をもたせる」と言います。ちょうど観測する慣性系を変えると電場と磁場のそれぞれは変

化してしまいますが、電場と磁場を電磁場としてセットで考えると不変であったのと同じように、電子場と光子場をセットの量子場として変換させるのです。

もともとディラック博士が提唱した電子の量子力学的運動方程式には、電子にどのように光子を働かせるかという式は入っていませんでした。ただ、経験から、ディラック博士の方程式上でどのように電子と光子を反応させれば実験結果を再現できるのか、その形はわかっていました。でも、なぜそれでいいのかという理由は不明でした。この経験から使っていた式が、電子場が局所ゲージ対称性をもつように電子に光子が電磁気力を伝える式と結果的に同じでした。

電子場に局所ゲージ対称性をもたせるように電子と光子の間の反応の式を決める方法を「ゲージ原理」と呼びます。ここで重要なことは、光子に質量があると、電子場に局所ゲージ対称性をもたせることができないことです。このゲージ原理から生まれた電子場と光子場の理論が、量子電磁力学です。

こうして、電気の力と磁気の力が統一された力としての電磁気力を光子が電子に伝える量子電磁力学ができました。

電磁気力と弱い力の統合

次の力の統合の試みは、弱い力と電磁気力でした（図５－４）。しかし、直ちに壁にぶち当た

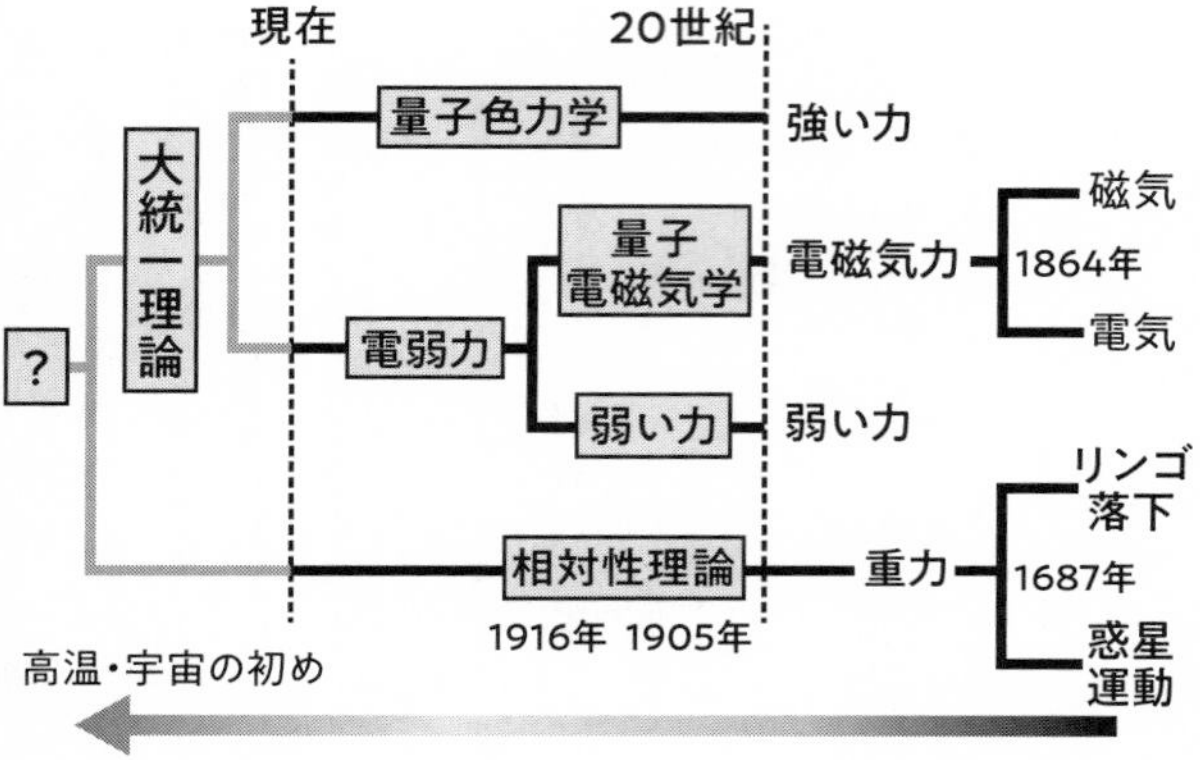

図 5-4 | 宇宙に存在する4つの力を統一する試み

ります。ゲージ原理は、質量がゼロの力を伝える素粒子を必要としました。弱い力を伝える素粒子のW粒子、Z粒子の質量は、陽子の85倍あるいは97倍にも及びます。力を伝える素粒子の質量がゼロでないため、ゲージ原理が使えません。この壁を破るために導入したのが、第2章や第4章で紹介したヒッグス博士などによって構築された「ヒッグス機構」です。

ヒッグス機構は、もともとは光子の他にも質量がゼロの力を伝える素粒子が存在していましたが、ビッグバンからほんの少し時間がたったときに宇宙に広がっていたヒッグス場に変化が起きて、ヒッグス場が凍りつき、その凍りついたヒッグス場と反応することで、もともとは質量がゼロの力を伝える素粒子が質量をもつようになった、という仕組みです。式はゲージ原理により局所ゲージ対称性を保持していますが、量子場が広がる真空の対称性が破れることで力を伝える場の粒子が質量を得るという、南部陽一郎博士の「自発的対称性の破れ」の考えが適用されました。

ヒッグス粒子発見前の状況

実験で、このような複雑な考えをどのように確かめればよいのでしょう？　電磁気力と弱い力を統合するためにヒッグス機構を導入した「電弱理論」の検証を目的として、スイス・ジュネーブに位置する欧州合同原子核研究機構（ＣＥＲＮ）の周長27㎞の地下トンネルを使った大型電子陽電子衝突型加速器（ＬＥＰ《レップ》）で、弱い力を伝える大きな質量をもつＺ粒子の性質を精密に測定しました。そして、Ｚ粒子に関連する多くのパラメータを０・１％の精度で確認しました。ＣＥＲＮでは、さらにＬＥＰ加速器をＬＥＰ２加速器にアップグレードして、弱い力を伝えるもう１つのＷ粒子を生成し、関連する各種パラメータの確認も行いました。

こうして、ヒッグス場の存在を仮定した電弱理論はほぼ正しいことを確認し、ＬＥＰ２加速器はその役割を２０００年11月に終えました。しかしこれは、いわば電弱理論の正しさの傍証を確認したにすぎません。決定的に電弱理論が正しいと証明するには、ヒッグス場から生み出されるヒッグス粒子の直接生成が不可欠でした。

ＬＨＣ実験によるヒッグス粒子の発見

ＬＥＰ実験からの解析によれば、ヒッグス粒子の質量は、陽子のほぼ１１０倍から２００倍の範囲にあると予測されました。そのような質量のヒッグス粒子を生成するためには、周長が27㎞の電子と陽電子の加速器では不可能でした。そこで、同じ周長でもより衝突エネルギーを高くして陽子と陽子を衝突させる大型ハドロン衝突型加速器（ＬＨＣ）への改造計画が始まりました。そして２００８年、ＬＨＣ実験が始まりました。

２０１２年に、日本からも多くの研究者が参加するＡＴＬＡＳ実験グループと、ＣＭＳ（コンパクト・ミューオン・ソレノイド）実験グループが同時にヒッグス粒子の発見を発表しました。現れたヒッグス粒子の質量は、陽子の質量（０・９３８GeV）の約１３３・３倍、約１２５GeVでした。翌２０１３年にヒッグス博士とアングレール博士は、ヒッグス粒子の存在を予測した功績によりノーベル物理学賞を受賞しました。

以来、ＬＨＣはヒッグス粒子を生成し、その性質が電弱理論の予測と一致するかを観測し続けています。これまでのところ、Ｗ粒子やＺ粒子の諸性質で、電弱理論の予測から異なる現象は見つかっていません。ＬＨＣ実験は引き続き、Ｗ粒子、Ｚ粒子や、電子、ミューオン、クォークなどの物質素粒子に質量を生み出すきっかけとなったヒッグス粒子の性質を定量的に確認する研究を続けています。

ヒッグス場が真空に凍りついたという性質は、ヒッグス粒子が自分自身に反応するという性質に起因すると考えられており、その検証のために、１個生成されたヒッグス粒子が２個あるいは３個のヒッグス粒子に変化する反応を解析します。大きな質量をもつヒッグス粒子を複数個生成する反応は、ほんのまれにしか起きません。今のところヒッグス粒子を生成し、詳細に現象を観察できるのは、ＬＨＣ実験だけです。宇宙誕生時に起きたと考えられているヒッグス場が凍りつく現象の解明につながるデータが得られることに期待がかかります。

物質素粒子と力を伝える素粒子の違い

ここで少し話題を変え、物質素粒子と力を伝える素粒子の違いをお話ししましょう。第２章で、現在私たちが存在を知っている17種類の素粒子が、素粒子の標準理論では３つのグループに分類されることをお話ししました（第２章　図２－１参照）。物質素粒子（クォーク６種類とレプトン６種類）の12種類と、力を伝える素粒子（光子、グルーオン、Ｗ粒子、Ｚ粒子）の４種類、素粒子に質量を与える素粒子のヒッグス粒子です。これら３つのグループの素粒子では、それぞれがもつスピン（素粒子がもつ固有の角運動量）に違いがあります。

角運動量とは、軌道を回転する物体がもつ量です。電気を帯びた粒子が軌道を回転すると磁場に反応する磁石の性質をもつことが、昔から知られていました。量子力学が構築され始めたとき、電子自身が磁場を感じる性質が実験で示されました。最初は、電子自体がコマのように自転回転していて磁場に反応しているのかもしれないと考え、この性質を英語でコマを意味する「スピン」と呼びました。この角運動量の大きさは角運動量を表す単位の半分の大きさだったので、「電子はスピン1/2をもつ」と表現されます。

しかし、後ほど説明するように、電子の大きさは10^{-18}mより小さいと測られています。そのような小さな電子がスピン1/2の量に相当する角運動量をもつためには、電子表面の回転速度は光速の10倍以上という奇妙な結論になってしまいます。また、自転回転が止まりかけたり、自転回転をし始めたりといった角運動量が1/2でない状態の観測結果もなく、常に同じ角運動量をもっているのです。こうしたことから、実際に電子がコマのように自転回転しているとの考えは間違いであることがわかります。

量子力学の理解が進み、ディラック博士が考案した、アインシュタイン博士の特殊相対性理論の要求を満たしつつ電子の量子力学的運動を表す「ディラック方程式」には、電子がもつスピンの特性が自然な形で反映されていました。この方程式では、電子には進行方向に対して左回りに回転しているのと同じ効果をもつ「左巻き電子」と、進行方向に対して右回りに回転しているのと同じ効果をもつ「右巻き電子」という異なる2種類の電子があり、そのため、電子は一見すると自転しているように見えるという結論でした。

電子の大きさ

ディラック方程式は、スピンを含めて実験で観測される電子の運動を数値的に非常によく再現でき、電子の運動の基本的な運動方程式であると認識されています。前に説明した量子電磁力学の電子の方程式は、ディラックの方程式を基礎にして構築されました。

この電子の基本方程式には、電子の大きさを表すパラメータはありません。これはつまり、ディラック方程式は電子には大きさがない（素粒子である）ことを前提としているということです。では、実験ではどうなのでしょう？

実は、電子と陽電子を衝突させる加速器実験では、加速器のエネルギーを高くするごとに電子の大きさを測っています。加速器のエネルギーが高いほど、より短い長さを測定することができます。そこで、電子に大きさがあると仮定した式に基づいて「バーバー散乱」と呼ばれる、電子と陽電子を衝突させて電子と陽電子に散乱する反応の確率を計測します。そして電子に大きさがないとするディラック方程式の予想と比較します。実験結果には常に誤差が付きます。実験結果はこれまでのところ、誤差の範囲でディラック方程式の結果と矛盾しないとの結論を得ています。

電子が大きさをもつことがわかったら大発見で、その時点で電子は素粒子ではなくなります。電子に10^{-18}mの大きさがあると仮定した式とは一致しません。今のところ、電子の大きさは10^{-18}mより小さいと言えます。電子加速器のエネルギーの高い装置ができると、まず測る量の1つが電子の大きさです。ですので、今後も電子が大きさをもたない点状の存在であると言えるかどうかは、これからの実験の結果次第です。

そのほか、ミューオンやタウ、クォークもディラック方程式に従う素粒子で、電子と同じようにその大きさは10^{-18}mより小さいと測られていて、今のところ内部に構造がない素粒子であると考えられています。

電子場の奇妙な性質

今、宇宙に広がっている電子場を、ある場所を中心に360度回転させたとします。普通なら360度回転すれば、回転させる前の元の状態に戻りますね。あなた自身がくるりと360度回転しても世界の様子は何も変わりません。ところが電子場の場合は、360度の回転では元の状態に戻らず、もともとの量子場のそれぞれの場所での数値にマイナスが付き、もう1回転させ720度回転させたときに、量子場にもう一度マイナス符号が付き、ようやく元に戻ることがわかっています。

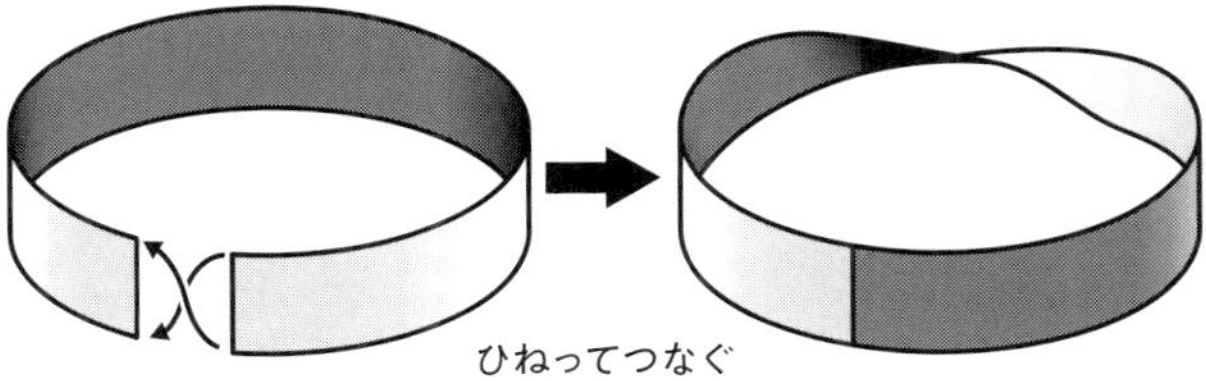

図　5-5　メビウスの輪
2回転して元に戻る例。輪のある点から線を引いていくと、2回転して開始点に戻る

思い出してください。確率を計算するとき、場の値の複素数 $z=(a+ib)$ の2乗は、

$$z^2=(a+ib)(a-ib)=a^2+b^2$$

と定義されていました（ここで a と b は実数）。複素数にマイナス符号が付いても、複素数の2乗の量は変わらず、確率も変わりません。つまり、360度回転したときの存在確率の分布は、回転させる前と同じです。しかしながら、量子場としては、全体にマイナスが付いているので、異なった数値をもつ量子場の状態です。こうした性質をもつのは、ディラック博士が導入したスピン1/2をもつ素粒子の数学的な構造に起因すると考えられるので、こういった素粒子のグループを「スピン1/2をもつ量子場からなる素粒子」と呼びます。

日常生活で電子場のように2回転してようやく元に戻る状況の例として、メビウスの輪があります（図5－5）。メビウスの輪とは、細長い短冊の端を一度ねじって接続した輪です。この輪のある場所からペンで輪に沿って軌道を記していくと、ちょうど1回転したときには表の面が自動的に裏の面に接続し、続けてもう1回転するとようやく開始点に戻ります。メビウスの輪は720度で元に戻る例です。

一方、力を伝える素粒子である光子やグルーオン、W粒子、Z粒子は、それらの量子場を360度回転させれば、あなた自身が回転したときのように元の状態に戻ります。そして電子のスピン角運動量のちょうど2倍なので、「スピン1をもつ量子場からなる素粒子」と呼びます。

では、ヒッグス粒子はどうでしょう? ヒッグス場は、真空に凍りついて真空を構成します。真空は角運動量をもたないので、ヒッグス粒子もスピンをもちません。そこで、ヒッグス粒子は「スピン0の量子場からなる素粒子」と呼ばれます。

ここまで、標準理論に登場する素粒子はスピン1/2、1、0の素粒子に分類されているという話でした。

物質素粒子と力を伝える素粒子のもう1つの相違点

実は、物質素粒子と力を伝える素粒子には、別の観点からも違いがあります。

素粒子とは今のところ、それ以上に分割できないと観測されている粒子のことです。2つのパチンコ玉があったときに、傷の場所を確かめることで同じ玉かどうかかわかります。パチンコ玉は鉄でつくられているので、異なるパチンコ玉が判別できます。しかし素粒子には内部構造がありません。どの電子も区別はなく、すべて同じ存在です。電子だけでなく、どの光子もすべて同じです。この区別が付かないという性質から、素粒子を分類することができます。

2つの素粒子はどれも同じなので、2つの素粒子を交換しても、全空間のもつ量子場の値は変わらないように思えます。しかし実際には、2つの素粒子を入れ替えると空間に広がる素粒子場の値の符号が変わる素粒子と、場の値が不変なままの素粒子、2種類の素粒子が存在するのです。

2つの素粒子の位置を入れ替えたときに量子場の値の符号が変わる素粒子を「フェルミオン」、不変な素粒子を「ボソン」と呼びます。物質素粒子がフェルミオンで、力を伝える素粒子とヒッグス粒子がボソンです。

素粒子のもつスピンの分類と組み合わせると、フェルミオンはスピン1/2をもち、ボソンはスピン1あるいは0をもちます。電子、ミューオン、タウ、3種のニュートリノ、6種のクォークはスピン1/2をもつフェルミオンです。

標準理論に登場する素粒子について性質での分類をまとめます（表5－1）。ディラック方程式に従う電子には、左巻きの電子と右巻きの電子が存在しました。同じように、電子と同じグループに属し電荷をもっている荷電レプトンのミューオンとタウも、左巻きと右巻きが存在しま

＊電子の荷電量eは$-1.602176634\times10^{-19}$クーロン

	物質素粒子				力を伝える素粒子		素粒子に質量を与える素粒子
素粒子名	クォーク（赤、緑、青）		レプトン		W粒子	グルーオン 光子 Z粒子	ヒッグス粒子
	第1世代						
	アップ	ダウン	電子	電子ニュートリノ			
	第2世代						
	チャーム	ストレンジ	ミューオン	ミューニュートリノ			
	第3世代						
	トップ	ボトム	タウ	タウニュートリノ			
電荷	$2/3\vert e\vert$	$-1/3\vert e\vert$	e	中性	$\vert e\vert$	中性	中性
スピン	1/2				1		0
スピンで分類したグループ名	フェルミオン				ボソン		
進行方向に沿ったスピンの向き	左巻き 右巻き		左巻き 右巻き	左巻き	左巻き 右巻き		向きなし
2つの素粒子の位置を入れ替えたときの量子場の符号の変化	マイナスの符号が付く				変化なし		

表 5-1 ｜ 標準理論の素粒子を働きやスピンで分類した表

す。6つのクォークも左巻きと右巻きがあり、電荷の正負が逆の反粒子がいます。しかし、中性のレプトンである3種類のニュートリノは、今のところ左巻きしか存在しません。

電子は電荷をもち、その反粒子の電荷の符号は逆になるので、電子と陽電子（反電子）は明らかに別の粒子です。ニュートリノは中性なので、反粒子と粒子とが同じなのかはまだわかっていません。同じという理論もあり、異なるという理論もあります。これは標準理論が抱える解明されていない謎の1つです。

力を伝える素粒子である光子、W粒子とZ粒子は、スピン1をもつボソンです。光子とZ粒子の反粒子は電荷が中性ですが、同じ中性のニュートリノとは異なり、反粒子と粒子は同じです。さらに、左偏光、右偏光という言葉があるように、スピン1を持つ光子、W粒子、Z粒子、グルーオンにもその進行の向きに沿った「左巻き」と「右巻き」が存在します。特に、左巻きのニュートリノは左巻きW粒子としか反応しません。

ヒッグス粒子はスピン0で電荷が中性のボソンで、反粒子は粒子と同じです。また、スピンが0なので特別な向きは存在しません。

電子はなぜ物質素粒子なのか？

ここで、第1章で説明した元素の周期表に話を戻します。場の量子論が登場する前で量子力学が固まり始めたころ、オーストリア出身のスイスで活躍したヴォルフガング・パウリ博士が、元素のもつ周期性は「同じ運動状態にある電子は、原子内に1個より多く存在することはできない」という簡単な規則で説明できることを見つけました。ある状態の電子が原子に1個入ると、他の電子がそこに入ることを拒むという意味で、「パウリの排他原理」と呼ばれるようになりました。この規則から原子の軌道に入る電子の個数が説明でき、それが周期表となって現れているのです。このパウリの排他原理が、そこにあると同じ場所に他のものが重なって存在することはできないという「物質」の本質を生み出しています。

また、パウリの排他原理と、「電子は2つの電子の位置を入れ替えたときに電子場の値の符号が必ず変わる」ということを組み合わせると、面白いことが確認できます。今、2つの電子の状態がスピンを含めて等しいとすると、2つの電子の交換で何も変わるものはありません。つまり値が z なら z のままです。ところが、交換により電子場の値の符号は必ず変わるのでしたから、z は $-z$ にならなければいけません。つまり $z=-z$ ということになります。そのような複素数 z は $0=0+i0$ しかありません。電子場の値 z は、至る所で0なのです。電子場の値は2乗すると、そこに電子が存在する確率に比例するのでしたから、至る所でゼロということは、存在確率が至る所でゼロであることを意味します。話が一貫しています。

自然は、電子を単純な点電荷として登場させたのではなく、スピン1/2という性質を付与させることで豊かな「もの」の世界を出現させました。

ところが、光子はスピン1でボソンですから、電子と違って、入れ替えても量子場が至る所でゼロであることは起きません。そのため、同じ場所に何個も存在できます。それがレーザー光です。

電弱力と強い力の統合を試みる大統一理論

電磁気力と弱い力は、ヒッグス機構を備えた電弱理論で若干不完全ですが、統合できました。

若干不完全というのは、電弱理論では電磁気力を媒介する光子と弱い力を媒介するZ粒子が混じり合う、ワインバーグ角という量が実験からしか決められないというところがあり、本来はこうした量は理論からの必然として決定したいからです。

また、電弱理論の範囲でさらに不思議なことの1つが、電荷の大きさです。電弱理論では電子と陽子にはまったく関係がないので、電子と陽子の電荷の絶対値がなぜ21桁に及ぶ精度で一致し、その結果、水素原子が安定なのかを説明することができません。陽子が、電荷が2/3のアップクォーク2つと電荷が-1/3のダウンクォークで構成されていることを思い出すと、電子の電荷が−1であるのに対して、アップクォークの電荷がなぜ正確に2/3で、ダウンクォークの電荷が-1/3なのかと言い換えることができます。

レプトンである電子とクォークとの間には上記のような密接な関係がありますが、標準理論によって明確にその関係を説明することができません。そこで標準理論を改良し、電弱理論と強い力の理論の統合に挑戦する試みがあります。この統合理論を「大統一理論」と呼んでいます（図5－4）。しかし、大統一理論は実現していません。

強い力を感じるのは、クォークです。電子やニュートリノなどのレプトンは、強い力を感じません。電弱力と強い力の統合は、ここに踏み込む必要があります。そこで、この統合では、クォークとレプトンが同じ仲間として混じりつつ、こうした力を感じる能力はそのまま温存しなければばいけません。そして宇宙誕生時のような非常にエネルギーの高い状態では、電磁気力、強い力、弱い力の3つの力が1つの力にまとまっていたけれど、宇宙が膨張しエネルギーが低くなるにつれて3つの力が分離していく仕組みを構築することを試みます。

しかし、第2章にあったように、宇宙誕生から138億年たった今の宇宙では、これら3つの力は大きさがまったく違います。電磁気力に比べて強いのが「強い力」で、弱いのが「弱い力」でした。電磁気力は、もともと電気の力と磁気の力という別の力でしたが、この2つの力はほぼ同じ程度の大きさの力でしたので、電磁気力として同じ力に統合するのに困難や違和感はありませんでした。

面白いことに、電磁気力、弱い力、強い力の大きさは、実はその力が働くエネルギーの大きさにより変化します。

素粒子反応のエネルギーに応じて変化する力の大きさ

電磁気力は、それが働く電子のエネルギーが高くなると、それに応じて少しずつ強くなります。私たちが暮らす日常的なエネルギーで電磁気力が働く力の大きさが強い力の137分の1とすると、CERNのLEP実験において高いエネルギーで働く電磁気力の大きさは約7%大きくなって、128分の1です。そして、弱い力も加速器実験を実施するエネルギーの高い状況では電磁気力のように若干強くなることが、実験で確かめられています。こうした電磁気力や弱い力のエネルギーの違いによる力の変化も、標準理論によって計算することができます。逆に、陽子の中にクォークを閉じ込めている強い力は、エネルギーが低い状態ではとても強く、エネルギーが高くなると強い力自体は弱くなっていくことが観測されています。

もしエネルギーが非常に高いとき、3つの力の大きさがほぼ同じになることが確認できれば、宇宙ができたばかりのエネルギーの高いときには3つの力がほぼ同じ大きさで、宇宙が誕生してから時間がたった現在のエネルギーの低い状況では、3つの力の大きさがバラバラになり、異なる3つの力に見えているということになり、この理解が3つの力の統合、大統一を意味します。

図5-6は、3つの力をまとめる大きな枠組みの1つの理論に基づいて計算した、3つの力の大きさの逆数がエネルギーによってどのように変化するかを示したものです。この図では、電磁気力と弱い力は、電弱力としてまとめられた1つの力として考えられたことを示しています。この電弱力は、図の左側のエネルギーの低いところでは強さの異なる2つの力として観測されているので、電磁気力を電弱力（U(1)）、弱い力を電弱力（SU(2)L）、強い力を（SU(3)）と記述しています。ただし、標準理論に現れる素粒子の存在だけでは、図5-6の実線のように3つの力が集まりかけながらも、3つが1つにはならないこともLEP実験でわかってきました。一方、3つの破線は10^{16}GeVで見事に一致しています。これは、後に述べる超対称性に関連する素粒子（超対称

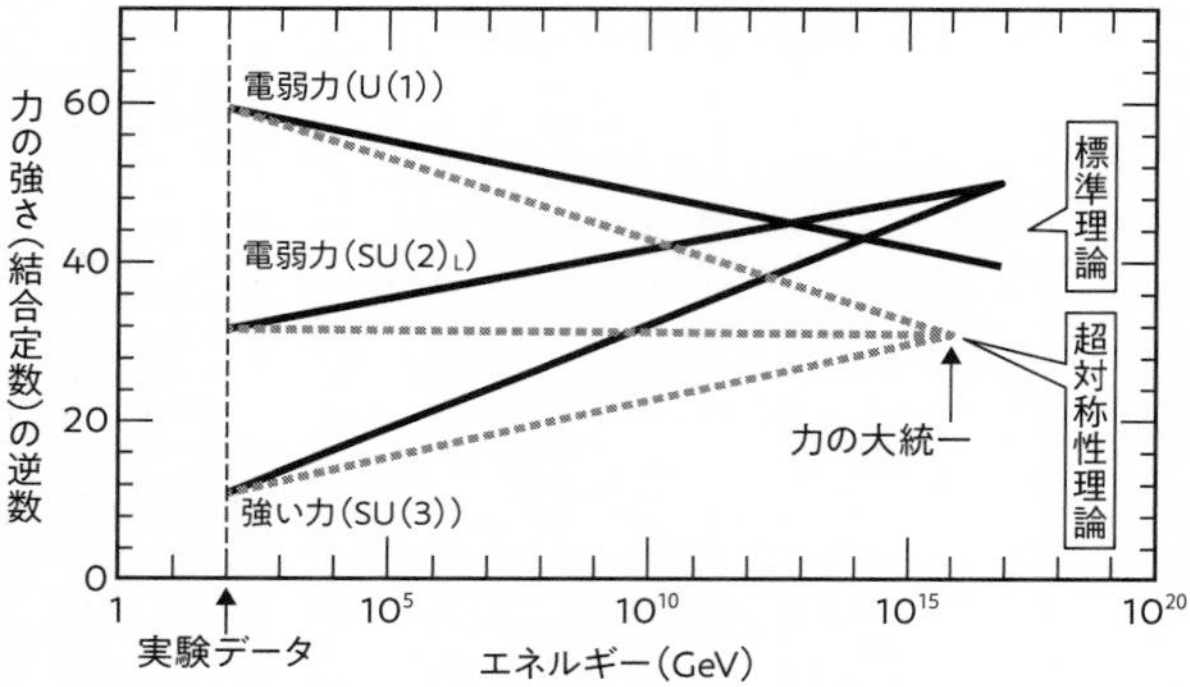

注）見かけの力の大小は結合定数だけではなく、力を伝える素粒子の到達距離も関係する。弱い力の到達距離は極めて短いので、日常のエネルギーでも100GeV辺りでも、見かけでは弱い力のほうが電磁気力より弱い

図 5-6　観測する現象のエネルギーの変化によって３つの力の大きさの逆数が変化する様子

３つの力の強さがエネルギーによってどのように変化するかを示している。エネルギーが大きくなるにつれて３つの力の強さが近づくが、標準理論の予測では１つにまとまらない。超対称性理論の予測では３つの力が10^{16}GeVで１つにまとまる

性パートナー素粒子）が１０００ＧｅＶ＝１ＴｅＶ付近に存在した場合は、このように大統一が起きる可能性があることを示唆しています。

図５－６では一番小さなエネルギーの大きさは１００ＧｅＶで、そこでヒッグス機構により電磁気力と弱い力が分離します。しかし、そのことは描かれていません。この理論には、10^{16}（＝１京）ＧｅＶあたりでヒッグス機構を働かせ３つの力を分離させる役割をする質量10^{16}ＧｅＶの「大統一ヒッグス粒子」と、１００ＧｅＶあたりで電磁気力と弱い力をヒッグス機構で分離させる「質量１２５ＧｅＶヒッグス粒子」があります。

クォークとレプトンが同居するファミリー

この大統一のとき、力だけでなく、強い力を感じるクォーク、弱い力や電磁気力を感じる荷電レプトン、弱い力のみ感じるニュートリノを、１つのファミリーとしてうまくまとめることができるか？　これが理論家の腕の見せどころです。

いくつかの理論が提案されています。クォークと電子が１つのファミリーに入っているので、標準理論ではバラバラの存在であったクォークとレプトンがもつ電荷の量も関係がつくようになります。また３つの力を含む大きな枠組みから出発したので、質量１２５ＧeVのヒッグス粒子が働いて電磁気力と弱い力が分離するときに必要となるワインバーグ角も自動的に定まります。

陽子が崩壊する？

標準理論では、陽子を構成するアップクォークより軽いクォークが存在しないので、陽子が崩壊することは不可能でした。クォークとレプトンが１つのファミリーになれば、今度は陽子の中のアップクォークが軽い陽電子に変化できるようになるので、陽子の崩壊が起きる可能性が出てきます。しかしこれまでの実験では、陽子の崩壊は観測されていません。そこで、陽子が崩壊するまでの時間「陽子の寿命」が長くなるように理論を工夫する必要があります。実は現在も、岐阜県飛騨市神岡町にあるニュートリノ観測装置「スーパーカミオカンデ」では刻々と陽子の寿命を測っており、今のところ、陽子の崩壊は観測されていません。

これは3つの力をまとめる大きな枠組みの選択の問題かもしれないので、他の理論を探りつつ、3つの力の大統一を実現する理論探索の挑戦が続いています。

大統一理論で問題となる「階層性問題」と「微調整問題」

大統一理論は、標準理論では説明がつかなかった疑問に答えるために構築されますが、どのような大統一理論でも直面する「階層性問題」というものがあります。力の大きさを表すグラフ（図5-6）でわかるように大統一理論は何であれ、3つの力が同じ大きさになる10^{16}GeVという非常に大きなエネルギーでヒッグス機構が働いて3つの力が分離し、さらに100GeVあたりの比較的小さなエネルギーで電磁気力と弱い力が分離することを、同一の理論で扱う必要があります。そんなことができるのか？ というのが階層性問題です。そして、具体的に懸念されるのが「微調整問題」です。

ヒッグス粒子の質量はLHC実験で測られていて、約125GeVです。ヒッグス粒子がスピン0の粒子であるために、素粒子物理学の数学的枠組みである場の量子論によれば、ヒッグス粒子と反応する素粒子から、その質量の2乗に比例する影響を受けて、ヒッグス粒子の質量（の2

乗）に変化が生じることがわかっています。もともと1つだった力を、自発的に対称性を破ることで電弱力（U(1)）、電弱力（SU(2)$_L$）、強い力（SU(3)）の3つの力に分離させる役割をもつ「大統一ヒッグス粒子」も、125GeVヒッグス粒子の質量に影響を与えることができ、その「大統一ヒッグス粒子」の質量は非常に大きく10^{16}GeV程度と考えられます。125GeVヒッグス粒子の質量に、「大統一ヒッグス粒子」の非常に大きな質量の2乗に比例した変化が加えられる可能性があるのです。しかし実際には、ヒッグス粒子の質量は125GeVです。つまり、質量の2乗で最大32から4桁引いた28桁もの質量の変化の可能性があるにもかかわらず、なんらかの調整が働いて、質量が125GeVにとどまっていることになります。その大胆な調整を行っているのはどんな原理なのか？　というのが微調整問題です。

微調整問題を解く方向性、その1：複合粒子としてのヒッグス粒子

この微調整問題を解決するために、2つの方向が考えられます。この問題は、ヒッグス粒子のスピンが0であることに起因しています。スピンが1/2や1の粒子では、その粒子の質量への変化がそれと反応する素粒子の質量の2乗に比例することはなく、その影響が抑えられることが知られています。

そのため、「ヒッグス粒子はスピン0の素粒子ではなく、例えばスピン1/2の素粒子からなる複

合粒子であれば解決できる」というのが、1つ目の解決の方向です。つまり、「ヒッグス粒子の複合粒子説」です。しかし、これまでのところLHC実験からヒッグス粒子が複合粒子であるという兆候はありません。

微調整問題を解く方向性、その2：超対称性

微調整問題を解決するための2つ目の方向は、「大きな質量の2乗に比例する変化を与える影響が出てきたら、その都度、そうした変化を消してしまう仕組みがある」というものです。質量に補正を加えようとする粒子は、ヒッグス粒子と反応するボソンやフェルミオンです。フェルミオンがその補正に関与するときは、ボソンの寄与に比べ、マイナスの符号が付くことがわかっています。そして場の量子論によれば、質量に変化を加えるボソンが関与するときに、質量も反応の大きさも同じフェルミオンが存在すれば、質量を変化させる効果を個別にキャンセルできることがわかっています。このように、「超対称性」と呼ばれる、ボソンとフェルミオンの入れ替えの対称性が存在するならば、微調整問題は生じないという方針です。

しかし、これまでの実験でそうした超対称性パートナーは見つかっていません。例えば、質量が約80GeVでスピン1のW粒子は、125GeVヒッグス粒子の質量に変化を加える可能性のある素粒子の1つです。ヒッグス粒子の質量は、W粒子の影響により80GeVほど変化を受けても不思

議ではないのですが、実際は１２５GeVです。もし超対称性があって、Ｗ粒子と同じ質量をもつスピン1/2の超対称性Ｗ粒子が存在し、しかもヒッグス粒子との反応の大きさも同じであれば、Ｗ粒子の効果と超対称性Ｗ粒子であるフェルミオンの効果との完全な相殺のために、１２５GeVヒッグス粒子の質量を変化させることはありません。しかし、そのようなスピン1/2の超対称性Ｗ粒子は見つかっていません。

場の量子論の計算では、ヒッグス粒子との反応の大きさが同じでありさえすれば、そして数ＴeVまでの質量をもつ超対称性Ｗ粒子が存在していれば、ヒッグス粒子の質量にそんなに変化が加わることはないこともわかっています。そのためＬＨＣ実験での超対称性パートナー素粒子の発見の努力が続いています。

この超対称性という考えは、大統一理論の微調整問題を解決できますし、スピン１の力を媒介する素粒子と、スピン1/2の物質素粒子との間に関係をつけ、それらをより統一的に理解する道へと進むことができる魅力的な理論です。

それに加えて、今までのところ大きさが測られていない素粒子を根源的な存在と考えるのではなく、１次元の存在で、これまでの観測にかかっていないほど小さな弦《げん》状のものが、より根源的な存在であると捉える「弦理論」が考えられています。弦理論は、４種類目の力である重力をも統一的に捉える可能性があると期待されていて、理論を矛盾なく構築するには自然が超対称性をもつことが必要であることもわかっています。

超対称性がある理論は、このように大変に魅力的な理論なので、ＬＨＣ実験はもちろん、他のあらゆる可能性のある実験で精力的に超対称性パートナーの探索が進められています。

第 6 章

非対称性宇宙の起源

——物質・反物質

反物質とは

本章のタイトルにいきなり「反物質」というSFティックな言葉が出てきましたね。まず、この反物質について考えることから始めてみましょう。

反物質とありますが、これは素粒子物理学の本なので、「反粒子」と言い換えてみます。「物質」に対する「反物質」は、素粒子の世界では、「粒子」に対する「反粒子」です。

この反粒子は、ある粒子に対するペアとして存在し、電荷などの性質が反転しているもののことです。「反転」が重要で、大きさとしては同じですが、符号がちょうど逆になっています。と、概念的なことを言ってもわかりづらいでしょうから、例を挙げましょう。

電子という粒子に対しては、陽電子という反粒子が存在します。このとき、電子と陽電子は、質量はまったく同じです。電荷は、大きさはまったく同じですが、電子が負（マイナス）なのに対して、陽電子は正（プラス）です。このような反粒子は、素粒子だけでなく、それらが集まってできたもっと大きな粒子に対しても存在します。例えば、陽子に対しては反陽子が存在しますが、これらも、質量はまったく同じ、電荷は、大きさはまったく同じで、符号が逆（陽子は正、反陽子は負）です。

この反粒子は、SFの世界の話でも、概念的な話でもなく、現に実在します。それを人工的につくることも可能で、茨城県つくば市にあるわれわれ高エネルギー加速器研究機構（KEK）では、この反粒子を人工的につくり出して、それを使って実験を行っています。つくばの特産物は反物質です！

粒子と反粒子の関係をお金の貸し借りで考える

さて、この粒子と反粒子の関係を考えるために、ちょっと下世話な話ではありますが、お金の貸し借りの話をしましょう。他の章の高尚なお話から、一気に下世話になりましたね。ここに、AさんとBさんという2人の人物を登場させ、「AさんがBさんにお金を借りる」ということを考えてみます。こう言うと、なんだかあまりいい話とは思えませんね。Aさんはお金にだらしない人のようです。そこで、ちょっと言い方を変えてみます。「BさんがAさんにお金を貸す」。どうですか、なんかいい話に聞こえるようになったでしょう。優しいBさんによる美談のように聞こえます。行われていることは、まったく同じなのですがね。

物理学の本なので、これを式にしてみましょう。

「AさんがBさんにお金を借りる」を、

$$A + (+m) = B$$

とします。すると、「BさんがAさんにお金を貸す」は、

$$A=B+(-m)$$

となります。mが貸し借りしたお金です。このやりとりによって、Aさんは所持金が増えるので+mとしています。一方、Bさんは所持金が減るので−mとなっています。このとき、−mを「貸付粒子」、+mを「借金粒子」と名付けると、これらの粒子は、金額は同じですが、「Bさんから見たら貸付」であり、「Aさんから見たら借金」となり、見る側の立場によって、ちょうど反転していることがわかります。この「貸付粒子」と「借金粒子」が、粒子と反粒子の関係にあるのです。

2つの式をもう一度見てみると、mが左辺から右辺へと移項されることで、正から負へと反転していることがわかります。皆さんが算数で習った通りですね。では、せっかく式で表したのですから、ちょっとこういう遊びをしてみましょう。粒子(−m)と反粒子(+m)をくっつけてみます。

$$(-m)+(+m)=0$$

数式上はこうなりますね。合わせると0になります。では現実の粒子と反粒子ではどうなるかというと、この式と同様に、消えてなくなってしまうのです！　ただし、粒子としてはなくなって

しまいますが、エネルギーは保存しなければなりませんので、粒子と反粒子がもっていたエネルギー（これには、それぞれの質量も含まれます）を合わせただけのエネルギーをもつ電磁波となります。運動量も保存しなければなりませんから、もし粒子と反粒子の運動量の和が0の場合（例えば、正反対の方向から同じ速度でやって来てくっついた場合）、正反対の方向に同じ運動量の大きさをもつ2つの電磁波になります。これを「対消滅」と呼びます。

では、前の式の左右を入れ替えてみましょう。

$$0=(-m)+(+m)$$

数式上はこれが成り立ちます。これを現実の現象で言うと、粒子が存在しない状態から、粒子と反粒子が生成したことになります。ただし、これが重要なのですが、「粒子と反粒子のペアであれば」という条件つきです。そして、ここでもエネルギー保存則は絶対で、最初の状態では、粒子としては存在しなくとも、エネルギーとしては存在しておく必要があります。その量は、生成した粒子と反粒子の質量と運動エネルギーの量に等しくなければなりません。実は最初に言った「人工的に反粒子をつくっている」というのは、この方法を使っています。ですから、反粒子だけつくっているのではなく、粒子とペアでつくっているのです。これを「対生成」と呼びます。

さて、粒子には必ず反粒子が存在すると言いましたが、それでは、電荷をもたない粒子はどうでしょうか。例えば、ニュートリノのような。「電荷が反転」だと、電荷をもたないニュートリノは反転できないので反粒子がないことになりますね。しかし、ニュートリノにも反粒子、反ニュートリノは存在します。ここで目ざとい方は、さきほどは「電荷が反転」とは言わずに、「電荷『などの性質』が反転」と言ったことに気付かれたかもしれません。

では、電荷以外に何が反転しているのでしょうか。それは、パリティ、言うなれば空間配置です。具体的には、スピンがそれに当たります。素粒子は、実はどれもスピン角運動量という物理量をもっています。これはイメージしにくいので、厳密には違いますが、本章では素粒子が自転しているようなものだとしておきます。この「自転」には、向きと大きさ（回転の角運動量）があります。これが、粒子と反粒子では、大きさが同じで向きが逆になっているのです。向きといっても「何に対してか」と思いますよね。これも、本章では、進行方向に向かって左回り（左巻き）か、右回り（右巻き）か、ということにしておきます。ニュートリノと反ニュートリノは、どちらも電荷は0ですが、このスピンが、ニュートリノが左巻き、反ニュートリノが右巻きなのです。これはちょうど、鏡の反転に似ています。鏡の外が左巻きであったなら、それを映した鏡の中では右巻きになっています。

このように、粒子と反粒子は、電荷（Charge）とパリティ（Parity）を反転させればまったく同じものになり、それが成り立つものを「CP対称性をもつ」と言います。

われわれの身の回りには反物質が存在しないことの不思議

　ところで、われわれの身の回りは、物質で満ちあふれています。というより、われわれ自身が物質ですよね。地球全体で考えれば、膨大な量の物質があります。地球の外に出ると何もない宇宙空間が広がっていますが、少し移動すれば、もっと巨大な「物質の塊」である太陽なんかもありますね。

　では、そもそも、これらの物質はどうやって生まれたのでしょうか。しかし、「どうやって」もなにも、物質の生まれ方、粒子の生まれ方は、一通りしかありません。「反粒子（反物質）とペアで生成する」です。となると、これだけの量の物質がある以上、それと等量の反物質が同時に生まれたことになります。

　ところが、われわれの身の回りには、反物質が存在しないことは明白です。というのも、反物質があれば、物質と反応して対消滅を起こしてしまうからで、われわれの周囲でばんばん爆発が起こってしまったら、とんでもない騒ぎになりますよね。ちなみに、１gの物質と１gの反物質が反応して発生するエネルギーは、広島に投下された核兵器３発分です。これが起きればさすがに誰もが気付くわけで、つまりわれわれの身の回りには反物質はないことになります。では宇宙のどこかには存在しているのかというと、それも観測によって否定されています。宇宙創成期に物質とともにつくられた反物質は、いつのまにか、なくなってしまっているのです。われわれ物質だけを置き去りにして。

この問題は、わりと深刻な問題です。われわれは現に存在しているのですから、宇宙創成期に対生成によって物質が生まれたことは確実です。ところが、反物質がない以上、それもほんまかいな、ということになります。例えば、哲学の世界で究極の問いが「われわれはなぜ存在しているのか」であるとしたら、物理学の世界でも究極の謎は「われわれはなぜ存在しているのか」なのかもしれません。

ところで皆さんは、この日本で、男女どちらの数が多いかご存じでしょうか。これにはかなりの差があって、女性の方が多いのです。一方で、生まれてくる数はというと、わずかに男性の方が多いのですが、ほとんど同じです。ではなぜ、同じ数だけ生まれてくるのに、結局は女性の方が多くなるのでしょうか。

その答えは簡単で、女性の方が長生きだからです。

そんなにも簡単に答えを出されると、「なにが『究極の謎』だ」という気分になりますよね。反物質も、寿命が短いから先に崩壊して、現在の宇宙に残っていないだけでは？

しかし、これは人間という複雑な構造をもつ生物だから寿命に差があっても問題にならないわけで、物質と反物質では、こうはいきません。物質と反物質、粒子と反粒子は、鏡の中と外のようなもので、見方が違うから反転しているだけで、実は同じものです。Aさんが借りた金と、Bさんが貸した金が違っていれば、揉め事になりますよね。あるいは、鏡の中の自分が、自分の動きと対称的な動きをしないと気味が悪いです。自分が左手を上げているのに、右手を上げずに、左手を上げたり、手を上げなかったりすると、これはもうホラーです。ここでは寿命の話でしたから、例えば鏡の中の自分が先に死んでしまっている、なんてことと同じです。そうなると、ある日突然、自分の姿が鏡に映らなくなった、なんてことになるかもしれません。これをもとにしてホラー小説が1本書けるのでは……と思いきや、そういう小説はすでに書かれています。吸血鬼ドラキュラです。自分の姿が鏡に映らないドラキュラ伯爵は、おそらくCP対称性が破れているのでしょう。

CP対称性の破れ

このように、粒子と反粒子で、電荷とパリティの反転以外の性質が異なる場合、「CP対称性が破れている」と言います。これは物理学の世界ではおおごとで、これまでの物理学を支えてきた素粒子の標準理論から逸脱する現象が起きていることになります。しかし一方で、こういったことが起きない限り、物質と反物質のアンバランスは説明できず、「われわれはなぜ存在しているのか」に答えることはできません。

ここで、「標準理論が間違っているに違いない！　一からやり直しだ！」とするのは尚早です。なぜなら、標準理論は、それ以外のことをうまく説明できるからです。そこでわれわれがやるべきことは、標準理論を一部修正して、CP対称性の破れも説明できるようにすることです。これは古くから行われていて、1962年にニュートリノについて、1973年にクォークについて、これを説明する理論が登場しました。前者が坂田昌一博士、牧二郎博士、中川昌美博士による「ニュートリノ振動理論」で、後者が小林誠博士と益川敏英博士による「小林・益川理論」です。これらはもともとニュートリノとクォークの世代間の混合についての理論ですが、その中に、CP対称性の破れに関する部分が出てきます。両者の、混合を示す行列はまったくと言っていいほど同じで、後者が前者を参考にしたことがうかがえます。重要なのは、この行列の中に、さきほどの「CP対称性の破れを表す部分」が出てくることです。その部分の値がわかれば、CP対称性が破れているのかどうか、どれくらい破れているのかがわかります。

ニュートリノ振動理論

では、これらの理論とはどんなものなのか、簡単に説明しておきます。まず、ニュートリノ振動理論です。第2章の復習になりますが、ニュートリノと一口に言っても、実際には、電子ニュートリノ、ミューニュートリノ、タウニュートリノの3種類があり、これらはまったく別々の素

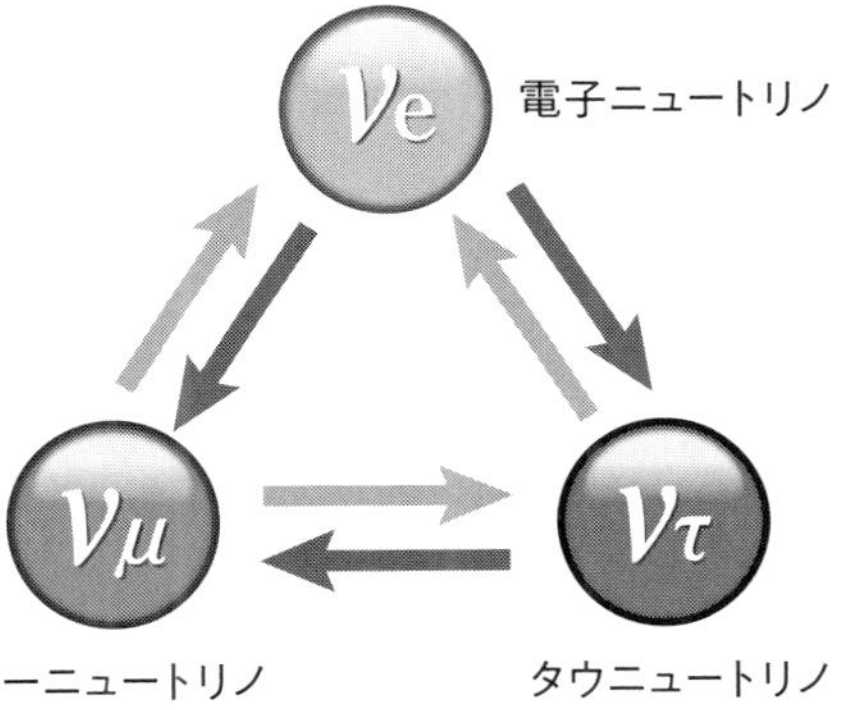

図 6-1　ニュートリノ振動の概念図
ニュートリノは3種類あり、時間とともに別の種類のニュートリノに変化する

粒子です。ところが、ニュートリノ振動理論によると、これらのニュートリノは、時間とともに別のニュートリノに変わっていく、というのです。例えば電子ニュートリノがあったとしたら、それがミューニュートリノに変わり、さらにそれがタウニュートリノに変わり、そしてまた電子ニュートリノに戻って、というような変化を起こすという理論です(図6－1)。

実際には、ニュートリノをじっと観察することはできませんので、例えば100個の電子ニュートリノを用意しておいて、ある時間がたってから観測すると、電子ニュートリノが50個、ミューニュートリノが30個、タウニュートリノが20個になっていた、そして、さらに時間がたってから再び観測すると、またその数が変わっていた、というような感じです。世の中の最も基本となる「素粒子」が時間とともに変化するのですから大変です。例えば皆さんは、電子が時間とともに変化すると言われたらどうしますか。翌朝目覚めたら、皆さんの左手がなくなっているかもしれませんよ。「明日起きて左手がなくなっていたら……」なんて考えると、不安で夜も眠れないですよね。でも皆さんがそんな心配などしないのは、われわれの身体を構成している電子のような素粒子は、そう簡単に変化しないということを、無意識のうちに認識しているからです。しかし、同じ素粒子でも、ニュートリノは「素粒子なのに時間とともに変化する」ということを、このニュートリノ振動理論は言っているのです。

小林・益川理論

次に、小林・益川理論についてです。これは一文で言うと、「クォークが3世代あれば、クォーク間でのCP対称性の破れを自然に説明できる」というものです。第2章の復習になりますが、1世代に2種類のクォークがペアになっているので、3世代ということは、合計6種類のクォークがあるということですね。

「何言っているの?」「クォークは6種類あるのは当たり前じゃない!」と思う方もいらっしゃるかもしれません。実は当たり前じゃないのです。小林博士と益川博士がこの理論を発表されたときは、実はクォークは3種類（アップクォーク、ダウンクォーク、ストレンジクォーク）しか発見されていなかったのです。

そう考えると、ものすごいことですね。当時は見つかっていなかったものの存在を予想したのですから。実際、小林博士と益川博士が小林・益川理論を発表した翌年の１９７４年にチャームクォークが発見されました。１９７７年には第3世代のボトムクォークが、そして１９９５年にはトップクォークが発見されました。

ちなみに、益川博士は最初、４種類のクォークでCP対称性の破れの説明をしようと考えたのですが、すぐに実験結果と合わないということに気付きました。「４種類のクォークでは駄目でした」という内容の論文を書こうかと思っていたときに、「６種類あればいいのではないか」というアイデアに至ったそうです。

さて、ここからは少しだけ発展した話をします。難しいと思った方は、ここは読み飛ばしても構いません。小林・益川理論は、「CP対称性の破れは弱い力が働くときのW粒子を交換する過程で生じる」ということを説明したものです。第2章で出てきましたが、弱い力（弱い相互作用）というのは、粒子の種類を変える性質があります。中学の理科では「化学反応では原子は新しくできたり消えたり種類が変わったりしない」と習ったことを考えると、弱い相互作用の性質にはびっくりする人もいるのではないでしょうか。

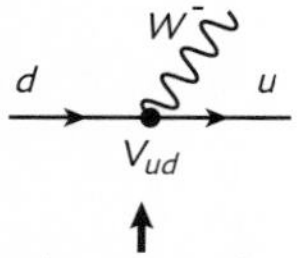

$$\begin{pmatrix} V_{ud} & V_{us} & V_{ub} \\ V_{cd} & V_{cs} & V_{cb} \\ V_{td} & V_{ts} & V_{tb} \end{pmatrix} = \begin{pmatrix} 0.97401 \pm 0.00011 & 0.22650 \pm 0.00048 & 0.00361^{+0.00011}_{-0.00009} \\ 0.22636 \pm 0.00048 & 0.97320 \pm 0.00011 & 0.04053^{+0.00083}_{-0.00061} \\ 0.00854^{+0.00023}_{-0.00016} & 0.03978^{+0.00082}_{-0.00060} & 0.999172^{+0.000024}_{-0.000035} \end{pmatrix}$$

図 6-2　ダウンクォークからアップクォークへ変化する素粒子反応
上は、負の電荷をもつダウンクォーク（d）が負の電荷をもつW^-粒子を放出して正の電荷をもつアップクォーク（u）に変わる素粒子反応図。V_{ud}は、その変化の起こりやすさを表す。下は、その反応に関係する3行3列のカビボ・小林・益川行列（左辺）と、誤差も含めた実験値（右辺）

ここで、図6-2を見てみましょう。これは、負の電荷をもつダウンクォーク（d）が負電荷のW粒子を放出して、正の電荷をもつアップクォーク（u）に変わる反応を例として示しています。ダウンクォークがチャームクォークやトップクォークに変わる反応や、ボトムクォーク、ストレンジクォークがトップクォークやチャームクォーク、アップクォークに変わる反応でも同じです。

こういった素粒子の反応を式では、9個の定数の要素をもった行列Vを用いて表すことができます。なぜなら、負の電荷をもつクォークが3種類あり、正の電荷をもつ3種類のクォークに変化するので、3×3＝9個の定数になります。この定数が何を表すのかというと、どのクォークに変化しやすいかを意味しています。数字が大きいほど、そのクォークに変化しやすく、例えば、ダウンクォークはアップクォークに変化しやすいのです。そして、これら9個の定数は、高校の数学で学ぶ虚数も含んでいます。この虚数部分がCP対称性の破れを生み出します。この虚数部分が第3世代のクォークでは大きいため、後ほど紹介するBelle実験では、第3世代のボトムクォークを含んだB中間子を用いて実験を行いました。

ちなみに、考え方はニュートリノ振動でもほとんど同じです。9個の定数でできた行列を用いて表しています。さきほども言いましたが、むしろニュートリノの行列の方が先に発表されました。そして、これが参考にされました。

さて、この両者の理論は素晴らしい限りですが、どんなに美しい理論でも、それが本当かどうか、現実に起きる現象に合っているかどうか、それが検証されない限り、単に「言っただけ」となります。世の中の現象をうまく説明できる理論と、再現性のある実験とが両輪となって、初めて物理学として成り立つのです。そして、この理論の中心となる行列、CP対称性の破れを表す値を含む行列の中のそれぞれの値も、実験によって確定していくしかありません。

われわれがよく目にするような現象についての理論であれば、その検証は簡単なのですが、なにせ「CP対称性の破れ」です。これまで見てきたように、よくよく考えていけばこれはおかしいと気付くものの、それは極めて微妙な違いにすぎません。

例えば、単純に、宇宙初期に9個の物質と8個の反物質があったとします。このとき、8組のペアが対消滅し、光となり、1個の物質が残ります。光（あるいはペア）と物質の比は8：1です。物質と反物質がこれくらい大きく違えば、検証するのは簡単かもしれません。しかし、現在の宇宙において、光と物質の比は、1,000,000,000：1とされています。つまり、物質と反物質の違いは、10億分の1の差を生み出すぐらいでしかなかったことになります。ほとんど違いはないのです。これを見つけようというのですから、その実験は大変なものになります。

しかし、どんなに大変であろうとも、人類はいつか必ず成し遂げるものです。21世紀に入って、これらの理論を証明する実験がその成果を出しました。

まず先に行われたのは、小林・益川理論を証明する実験、Ｂｅｌｌｅ実験です。

小林・益川理論を証明したＢｅｌｌｅ実験

Ｂｅｌｌｅ実験は、ＫＥＫ、そうです、われわれが所属する研究所で行われた実験です。この実験はＫＥＫＢ《ケックビー》という加速器を用いて、Ｂ中間子と呼ばれる粒子をたくさんつくりました。その数、約15億個です。加速器とは、電子や陽子といった粒子にエネルギーを与えて、非常に高いエネルギー状態にして、粒子を光速に近い速度まで加速させる装置のことです。そして、中間子とは、クォークと反クォークでできた粒子です。

さきほど、対消滅と対生成の話がありましたが、この原理を用いて大量のＢ中間子をつくり出します。KEKB加速器は、電子と陽電子を光速に近い速度まで加速させて、互いに衝突させます。すると、対消滅を起こし、莫大なエネルギーが生まれます。そして、そこからB中間子が2個生まれます。正確に言うと、粒子であるB中間子と、反粒子である反B中間子です。さきほどの復習ですが、対生成の場合は、必ず粒子と反粒子のペアができます。

さて、想像してみましょう。止まっているものに粒子を当てたときの衝撃と、互いに光速に近い速度まで加速された互いに反対に進む粒子を衝突させたときの衝撃、どちらが大きいでしょうか？　答えは後者です。同じスピードの車でも、止まっている電柱に衝突するよりも、スピードを出した車同士が正面衝突した場合の方が、被害がとても大きくなってしまいますね。それと同じです。

ただし、光速に近い速度で動く粒子を衝突させるのは非常に難しいです。キャッチボールを想像してみましょう。相手が投げたボールをグローブでキャッチするのは簡単ですが、相手が投げたボールに自分もボールを投げて衝突させるのはとても難しいですよね。しかも、電子と陽電子は大きさがない（と考えられている）ので、それを衝突させるなんて、どれだけ難しいのかと思いますよね。実は、KEKはそうした電子と陽電子を衝突させる技術は世界一なのです！

ところで、どうしてB中間子をつくるのに、そこまでエネルギーが必要なのかを考えましょう。それは、B中間子の質量がとても重いからです。B中間子は電子の1万倍以上の質量をもちます（陽子と比べると5倍以上）。ですので、B中間子をたくさんつくるには高いエネルギーが必要なのです。

では、どうしてB中間子を使うのでしょうか？　それは、第3世代のクォークを含む粒子はCP対称性の破れが他の粒子よりも強く出ると、小林・益川理論で予言していたからです。B中間子は第3世代のボトムクォークを含んだ粒子です。

そして、さきほど言ったように、B中間子と一緒に反B中間子も生成されます。ですので、粒子であるB中間子と反粒子である反B中間子を同時に測定することができます。つまり、粒子と反粒子の振る舞いを比べることができます。そして、粒子と反粒子の振る舞いの違いは、CP対称性の破れを意味します。

では、どうやってB中間子と反B中間子の振る舞いを比べるのでしょうか？　方法としては、まずB中間子が特定の粒子に崩壊したときに、反B中間子はいつ崩壊したのかを調べます。ここでは、議論を簡単にするため、BからJという粒子とKという粒子に崩壊したと考えましょう。つまり、「B→J＋K」というような反応をした時間と、反B中間子が崩壊した時間の差を調べます。もし、B中間子と反B中間子の振る舞いに差がなければ、これらの分布は同じになるはずです。

結果はなんと、振る舞いに差がありました。そして、時間差の分布が確かに一致しませんでした。これにより、小林・益川理論が正しいことが証明されました。この功績により、小林博士と益川博士は2008年にノーベル物理学賞を受賞しました。

では、これですべて解決されたのかというと、そうではありません。確かに、クォーク間でのCP対称性の破れは観測されましたが、これが物質・反物質の非対称性を説明できるのかというと、答えはノーです。非対称性を説明するには、CP対称性の破れ具合が小さすぎるのです。そのため、クォーク以外でもCP対称性が破れているのではないかと考えられています。その有力な候補が、これから話すニュートリノです。

現在実施中のＢｅｌｌｅⅡ実験

現在、Ｂｅｌｌｅ実験で用いた加速器や測定器を大幅に改良したＢｅｌｌｅⅡ実験が、ＫＥＫで行われています。ＢｅｌｌｅⅡ実験は、Ｂｅｌｌｅ実験よりもＢ中間子の数を約50倍に増やして、より高い精度でのCP対称性の破れの測定を目指しています。また、Ｂｅｌｌｅ実験では測定されなかったまれな崩壊過程や、暗黒物質となり得る標準理論にはない新しい粒子の測定も行われています。そして、加速器はＫＥＫＢからスーパーＫＥＫＢにグレードアップしています。

余談ですが、データ量を50倍に増やすためには、つまり、より大量のＢ中間子をつくるためには、どうすればよいでしょうか？　Ｂｅｌｌｅ実験は10年ほど行われましたので、10年×50＝500年続けるのでしょうか？　これは現実的な年数ではありませんね。では、どうすればいいでしょうか？　答えは、Ｂ中間子ができる頻度が増えればいいのです。つまり、電子と陽電子がぶつかる頻度を増やせばいいのです。スーパーＫＥＫＢ加速器では、ＫＥＫＢ加速器よりも40倍以上高い頻度で電子と陽電子を衝突させることを目指しています。

また、データ量が多ければ多いほど、誤差が少なくなるのは想像できますか？　例えばサイコロを考えてみましょう。とあるサイコロが手元にあったとして、このサイコロが細工されたものかどうかを調べるにはどうすればよいでしょうか？　一番簡単な方法は、実際に振ってみることですよね。もしそのサイコロを6回振って、1から6が1回ずつ出なかったとしたら、果たしてそれは細工されたサイコロなのでしょうか？　結論を出すのは、まだ早いです。もっとたくさんサイコロを振って、1から6がそれぞれ何回出たかを調べますよね。それと同じで、データ量が多いほど、実験精度も上がります。

さて、余談が少し長くなってしまったので、本題に戻ってニュートリノの話にいきます。

ニュートリノ振動理論を検証するスーパーカミオカンデ実験

ニュートリノ振動理論を検証する実験も行われました。これは、天然のニュートリノを使って、ニュートリノ振動、つまり、ニュートリノが世代間で変化を起こすか、という検証から始められました。

ニュートリノ（Neutrino）は、その名前、「中性（Neutral）」で「小さい（ino）」が如実に表すように、電気的に中性な上に、極めて小さな粒子であることから、他の物質とほとんど反応しません。例えば、太陽で起きている核融合反応、水素の原子核が4つ集まってヘリウムの原子核となる反応によって、ニュートリノは原子核から飛び出します。それが地球にも到達し、今も皆さんの体に大量に降り注いでいます。その数は、なんと、人間1人当たり、1秒間当たり600兆個にもなります。膨大な数ですよね。ところが、ニュートリノが反応する確率は、例えば地球の直径分を通過しても、50億分の1くらいです。皆さんの身体は地球よりもずいぶん小さいですよね。ですから、これだけ大量に降り注ぎながら、皆さんの身体を構成する物質と反応するのは、100年に1回程度です。皆さんが長生きすれば、生涯で1回くらいは反応するかもしれませんね。

このような物質と反応しにくい粒子であるために、ニュートリノは周囲には大量にありながら、その研究はぜんぜん進んでいませんでした。例えば、粒子の性質のひとつとして、「質量はいくらか」というのは基本的なものですが、ニュートリノは、「いくらか」どころか、「そもそも質量があるのかどうか」すら、20世紀にはわかっていなかったのです。筆者（多田）が大学で学生として学んでいた1990年代、物理学の教科書では、ニュートリノの質量は0として扱われていました（「質量がない」と断定されていたわけではありません）。それぐらい、謎の多い粒子だったのです。

ところが、1980年代に岐阜県の神岡町（現・飛騨市神岡町）に建設された検出器カミオカンデを大型化したニュートリノ検出器スーパーカミオカンデが1990年代後半に稼働を始め、ある大きな成果を出しました。スーパーカミオカンデではさまざまな実験が行われていますが、本章のテーマで重要なのは大気ニュートリノの観測です。

大気ニュートリノとは、宇宙から来た放射線と大気中の窒素や酸素の原子核との反応で生じるニュートリノのことです。実のところ、宇宙は危険な放射線がいっぱい飛び交っています。われわれがそれを気にせず暮らしているのは、大気がかなりの量の放射線を止めてくれているからです。止めてくれるということは、大気の分子が身代わりに壊れていることを意味します。宇宙からやってくる放射線の中で最も多いのは陽子ですが、この陽子が大気中の分子の原子核と反応すると、その原子核が壊れ、さまざまな粒子が飛び出します。この中の1つがπ中間子です。このπ中間子は寿命が短く、数十m飛んだだけで勝手に壊れて、ミューニュートリノとミューオンになります。この大気でつくられたミューニュートリノを観測するのが、大気ニュートリノ観測です。

スーパーカミオカンデは日本にありますが、日本上空の大気だけでなく、世界中の大気でつくられたニュートリノを集めることができます。それは、さきほどの「地球の直径分を通っても50

億分の１しか反応しない」ことが理由です。ニュートリノからすれば地球はすかすかなので、ないのと同じで、宇宙空間にスーパーカミオカンデが浮かんでいるも同然だからです。そのようにして世界中の大気でつくられたミューニュートリノを観測したとき、どのような結果が予想されるでしょうか。皆さんは海外旅行に行ったことはありますか。筆者（多田）は職業柄よく出張で外国に行きます。それも欧州と米国ばかりなので、地球の裏側まで行きます。そして、その国の空港に降り立ったとき、息苦しくて倒れてしまった、なんてことは一度としてありません。どの国でも、地球の裏側でも、大気の構成はほとんど同じだからです。ということは、地球のどこであろうと、大気でつくられるニュートリノに違いはないということになります。それが普通の予測です。

ところが！

この大気ニュートリノの観測では、それが違っていて、日本から離れた場所ほど、予測される数よりも、ミューニュートリノの数が少なくなっていたのです。

これが他の粒子であるなら、地球に詰まっている物質との反応で減ってしまったのだろう、という説明がつきます。ところが、ニュートリノが地球とほとんど反応しないことは、さきほど述べた通りです。ですから、ここには、「ミューニュートリノが他の物質と反応して減ってしまった」という説明は成り立ちません。そこで、「ニュートリノ振動理論」が華麗に登場するのです。

スーパーカミオカンデでは、その原理上、電子ニュートリノとミューニュートリノは検出できますが、タウニュートリノは検出できません（この観測や後述の実験で扱うエネルギー領域では）。もし仮に、大気でつくられたミューニュートリノが、スーパーカミオカンデまで飛行する間に、実際にニュートリノ振動を起こして、その一部がタウニュートリノに変化してしまった場合、スーパーカミオカンデでは検出できません。ですから、その分は「数え漏らし」となってしまいます。つまり、「ニュートリノの数が減った」ように観測されるのです。そして、この「数え漏らし」は、日本上空のようにつくられてすぐに観測される場所なら少ないですが、例えばブラジルのように観測されるまでに長距離を飛行する場所なら、変化する時間が長く与えられる分、「数え漏らし」が多くなります。

ここではこのように定性的な話をしましたが、スーパーカミオカンデの実験グループは、この「数え漏らし」、つまり各地からやって来たミューニュートリノがスーパーカミオカンデに到着するまでにタウニュートリノへと変化する量を、その元の場所ごとに、ニュートリノ振動理論に基づいて定量的に計算しました。すると、観測結果は、ニュートリノ振動が起きていると考えて計算した場合に、ぴったりと一致したのです。

この偉大な発見により、梶田隆章博士はスーパーカミオカンデの実験グループを代表して2015年にノーベル物理学賞を受賞しました。よく受賞理由に「ニュートリノに質量があることを発見した」と書かれている場合がありますが、ニュートリノに質量があるのはむしろおまけで、真に重要なのは、素粒子なのに別の素粒子に変化するという「ニュートリノ振動現象」が、本当に起きていることを証明したことです。

これは極めて偉大な観測結果ですが、ひとつ問題があります。それは、天然のニュートリノを使っていることです。これだと、ニュートリノがやってくるのは自然まかせですから、欲しいときに欲しい条件（例えば、そのエネルギーとか）のニュートリノが欲しい量だけ来るわけでもありません。また、一部で仮定が入るのもやむを得ません。例えば、「世界中の大気で同じ量のニュートリノがつくられている」など。日本から見て地球の裏側と言えばブラジルで、情熱の国ですから、大気の「熱さ」も違って、つくられるニュートリノの量も異なるかもしれませんよね。天文学などの学問は、こういった自然の観測においてはある程度の仮定を行うもので、それだけに人類が予測する宇宙の姿（例えば、暗黒物質と通常の物質の比率とか）は、観測精度が上がるごとに変わるものです。しかし、われわれ素粒子物理学者は、こういったのは、ややもやもやします。やはり自然まかせではなく、人工的につくった粒子を使って実験したいと考えるものです。そうすれば、さまざまな条件も、自分たちで決められます。そうして始められたのが、K2K実験です。「KEK to Kamioka」の意味で、筑波にあるわれわれKEKの加速器施設で人工的にミューニュートリノをつくり、それを250km離れたスーパーカミオカンデまで飛ばして、同じようなニュートリノ振動現象を観測しよう、というものです。

K2K実験とT2K実験

K2K実験は、1999年から2004年まで行われ、ミューニュートリノがタウニュートリノに変化する現象が起こっていることを、99・997％の確率で確定しました。しかし、この実験も、大気ニュートリノの観測も、どちらも、ミューニュートリノの数が減る、という現象を見ただけであって、ミューニュートリノが変化することで現れた別のニュートリノを直接捉えたわけではありません。

そこで、ミューニュートリノから変化した電子ニュートリノを直接捉える実験が開始されました。それが、2010年1月から行われたT2K実験です。これは、「Tokai to Kamioka」の名前が示す通り、KEKが日本原子力研究開発機構と共同で東海村に建設した大強度陽子加速器施設J－PARCでミューニュートリノをつくり、それを300㎞離れたスーパーカミオカンデに撃ち込む実験です（図6－3）。原理は同じなのですが、同じ時間でつくり出すミューニュートリノの量が、K2K実験より2桁多くなっています。この「数の力」によって、K2K実験では見られなかった結果が出るものと期待されていました。そして、その期待に応えて、2013年5月までの実験で、ミューニュートリノから変化した電子ニュートリノを、99・99999

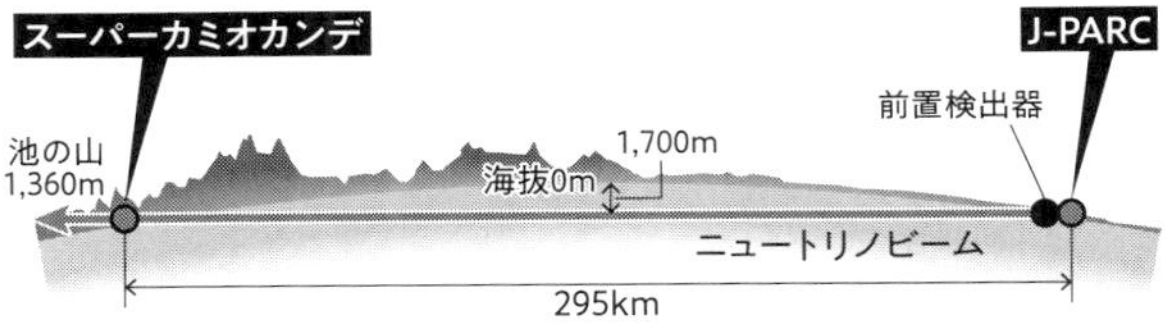

図 6-3 ニュートリノ振動実験T2Kの概念図
茨城県東海村のJ-PARCでミューニュートリノや反ミューニュートリノをつくり、それを300km離れた岐阜県飛騨市神岡町のスーパーカミオカンデに撃ち込む。それが飛行中に変化した電子ニュートリノや反電子ニュートリノをスーパーカミオカンデで捉える

９９９９４％の確率で捉えることに成功しました。これは、人類史上初の成果です。

そして、それ以降、Ｔ２Ｋ実験は、第２段階の実験へと移行しました。それは、いよいよ、ニュートリノにおけるＣＰ対称性の破れを発見する実験です。本章のテーマにたどり着くまでにえらく長くなってしまいましたね。具体的にどういうことをするのでしょうか。陽子が原子核に衝突してπ中間子がつくられ、それが壊れてミューニュートリノとミューオンになるという話をさきほどしました。実は、π中間子には、正の電荷をもったπ^+中間子と、負の電荷をもったπ^-中間子とがあり、この陽子と原子核との衝突の際に、その両方が発生しています。そして、π^+中間子はミューニュートリノと正のミューオン（反ミューオン）に、π^-中間子は反ミューニュートリノと負のミューオン（ミューオン）とに、それぞれ壊れます。ですから、ミューニュートリノと反ミューニュートリノとを同時につくっていることになります。そして、J－PARCの実験装置では、このうち、ミューニュートリノをスーパーカミオカンデに撃ち込むのか、反ミューニュートリノを撃ち込むのか、を選択できるようになっています。ミューニュートリノを撃ち込むと、その一部は電子ニュートリノに変わり、スーパーカミオカンデで検出されます。反ミューニュートリノを撃ち込むと、その一部は反電子ニュートリノに変わり、検出されます。このとき、ミューニュートリノから電子ニュートリノへの変わり方と、反ミューニュートリノから反電子ニュートリノへの変わり方の違いを比較することで、CP対称性の破れを見るのです。

この実験は、2014年から開始され、2022年時点で、95％の確率でCP対称性が破れているという結果が出ています。しかし、物理学で95％というのは、「その兆候がある」くらいで、「発見」と呼ぶにはまだまだ遠い道程です。CP対称性の破れを実証することは、かくも難しいことなのです。しかし、T2K実験グループは、ライヴァルたちに先んじてこの偉大な発見を行うため、より多くのニュートリノをつくり出せるよう、加速器施設をパワーアップすることに加え、ハイパーカミオカンデというスーパーカミオカンデよりさらに巨大な検出器を建設している最中です。これらによって、そう遠くない未来に、ニュートリノにおけるCP対称性の破れを「発見」できることでしょう。

そうすれば、「われわれはなぜ存在しているのか」という、物理学の究極の謎に対して、理論でも実験でも、クォークでもレプトンでも、日本人と日本の実験施設がその答えに導くことに成功することになります。ぜひとも成し遂げたいですね！

第 7 章
宇宙膨張の起源
——ビッグバンとインフレーション

宇宙はどのくらい大きいのか

無限に広がる大宇宙。皆さんも、これまで数え切れないほど、夜空を見上げてこられたのではないでしょうか。筆者も、かつて過ごした東京のような都会であれ、兵庫県南部のベッドタウンの加古川であれ、イギリス湖水地方に近い田園地帯に囲まれたランカスターであれ、数え切れないほど夜空を見上げてきました。それぞれ多い、少ない、の違いはありますが、いつどこであっても夜空には星々が凜としてきらめいています。人生のそれぞれの状況に応じて、時には目が覚めるような明るさにハッとさせられた経験をおもちの方もいらっしゃるでしょう。私たちは、目まぐるしく変わる日常を生きています。しかし、いつ見上げても、夜空の星々は、まったくその姿を変えないかのように宇宙に浮かんでいます。皆さんも、この一見、不変であるような宇宙が、いったいいつから存在し、そしてどこまで遠く続いているのか？　その果てしない大きさと悠久の時の流れに、思いを巡らせたことがあるのではないでしょうか。

実は、夜空の星座の配置などがいつ見ても変わらない、つまり宇宙は不変であるかのように見えることは、宇宙、もしくは銀河系（われわれの銀河）がとてつもなく大きいということと関係があります。簡単に言うと、光の速度で飛んで約10万年かかる天の川銀河の全体の見た目を変更するためには、少なくとも10万年以上かかるからなのです。

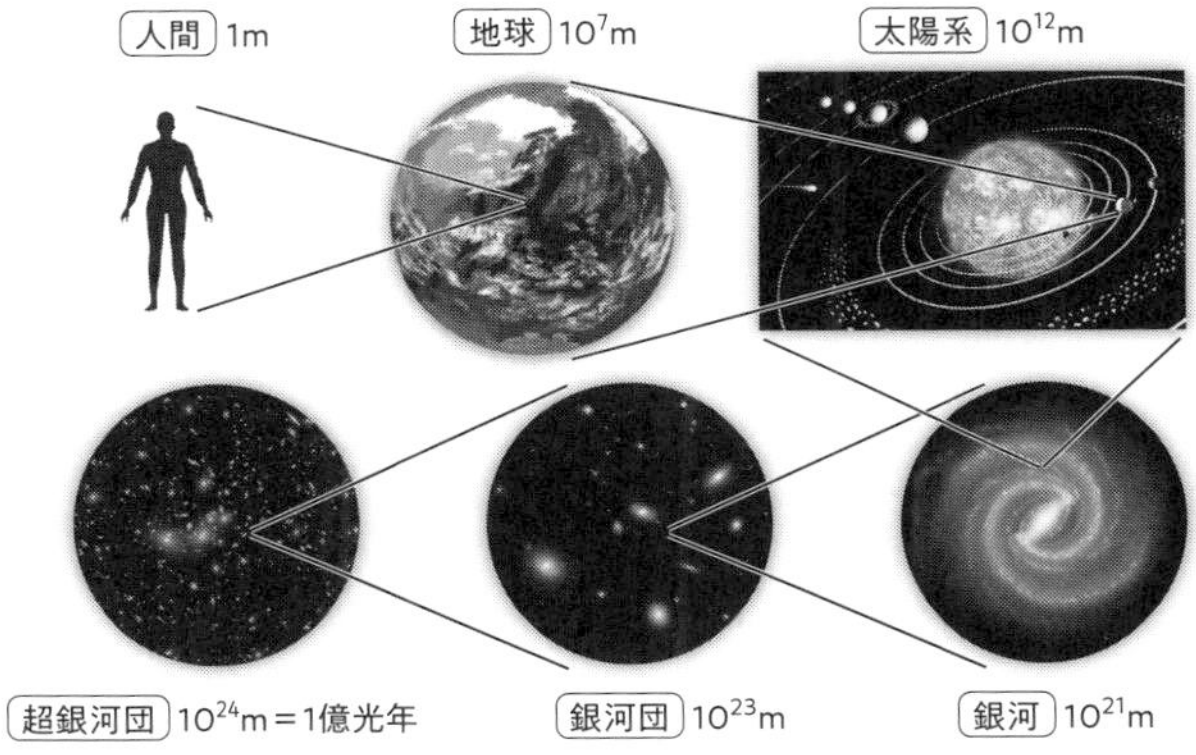

図 7-1　宇宙の階層性
宇宙の画像：©NASA

次に、復習も兼ねて、宇宙がどれほど大きいのか、宇宙の階層性を小さいものから大きいものまで、順を追って見ていきましょう（図7－1）。

人間の身長は、近似的に考えて、1mくらいと言うことができます。これを基準に、単位をmで表していきましょう。

地球の直径は約1万2000㎞です。つまり、約1000万mのオーダーです。1000万はゼロが1の後に7個並ぶので、数学では10^7mと表します。一番近い天体は、地球の衛星である月です。月までの距離は約38万㎞で、光の速さの秒速30万㎞で進むと約1秒、つまり約1光秒《こうびょう》の距離です。月の大きさは、地球の約4分の1です。見かけの大きさを角度で表すと、約0・5度です。一番身近な自分で光っている星、つまり恒星は太陽です。地球からの距離は約1億5000万㎞で、約10^{11}mのオーダーです。光速で進むと約8分です。つまり約8光分《こうふん》の距離ということができるでしょう。太陽の大きさは、地球の約100倍です。月よりずっと遠くにあるので、見かけの大きさを角度で表すと、偶然、月と同じ約0・5度です。地球では日食と月食が両方起こり得るという奇跡的な位置関係にあります。この見かけの大きさの偶然の一致がなければ、月も太陽も違う天体であるという概念が、より早く人類に認識されたでしょうし、地動説は、もっと早くに唱えられていたかもしれませんね。

次に大きな階層は、太陽系です。太陽を中心に太陽の重力で引き寄せられて回っている惑星、小惑星、彗星などの天体が形づくるのが太陽系です。典型的な大きさは約1兆m、10^{12}mです。太陽系を飛び出すと、お隣の恒星であるαケンタウリまでは、約4・3光年。1光年は、約10^{16}mです。

太陽を含む約1兆個の恒星の集合体である天の川銀河が、次の階層となります。大きさは約10万光年、つまり約10^{21}mです。ここからは、天の川銀河を「われわれの銀河」と呼ぶことにしましょう。古くからの名前である「銀河系」は、他の銀河と紛らわしいので、特別な場合以外はなるべく使わないことにします。われわれの銀河の周りには、お供の小さい銀河（伴銀河）があります。アニメの宇宙戦艦が行ったことでも有名な大マゼラン雲もその1つで、距離は約16万光年先にあります。お隣の銀河であるアンドロメダ銀河までの距離は約２５０万光年で、約10^{22}ｍです。

その上の階層は、銀河が約50個から１００個以上集まった銀河団です。大きさは約10^{23}ｍ、つまり約１０００万光年です。銀河団全体が熱い電子のプラズマに覆われ、銀河団全体から約１０００万度のＸ線が放射されていることが知られています。

銀河団もある程度まとまっていて、銀河団を１００個以上、つまり銀河を１万個以上含む、超銀河団を形成していることが明らかになってきました。超銀河団の大きさは約１億光年以上、つまり約10^{24}ｍ以上です。われわれの銀河を含む超銀河団は「ラニアケア超銀河団」と呼ばれ、ハワイ語で無限の天空を意味します。２０１４年にハワイ大学のグループが初めて提唱しました。皮肉にも、われわれの銀河を含む構造は、なかなか遠くから詳しく見ることができないので、真の姿の発見が遅れる傾向があるのです。ラニアケア超銀河団の直径は約５億２０００万光年、つまり約10^{25}ｍ、質量は銀河を10万個含む重さ（10^{17}太陽質量）です。

超銀河団も十分に大きいのですが、実は宇宙をもっと大きなスケール、１００億光年の長さのスケールで観測すると、こうした銀河の大規模な構造ですら、一様に見えてくることが知られています。１００億光年とは、現在の宇宙の年齢が１３８億歳なので、ほぼ宇宙年齢をかけて光が到達する距離、つまり宇宙の地平線の大きさです。一様とは、横にずらしても同じ模様であるという意味です。また、回転させても同じ模様である（等方《とうほう》と言います）こともわかってきました。観測から導かれる性質ですが、この一様等方性を「宇宙原理」と呼びます。

宇宙原理に従うと、この宇宙には大きなスケールで見ると、特別な場所はない、ということになります。私たちが住んでいる、地球、太陽系、われわれの銀河、銀河団、超銀河団は、特別な場所ではなく、宇宙にありふれている場所であるとする原理なのです。次に説明する、コペルニクス原理が天動説をくつがえして地動説を唱える状況と似ています。また、138億光年より先に、何もない、とは言っていないのです。実は、われわれ理論物理学者は、その外のことを計算で知っているのですが、観測で確定したわけではありません。科学者は実験で検証されていないことは報告せず、わからないと言わざるを得ないのです。

ビッグバンの火の玉の膨張

われわれが住んでいる場所は特別であるとする、古代ギリシャ、プトレマイオスの「天動説」。それが、1543年に発表されたコペルニクスの「地動説」により否定され、われわれの地球は、太陽の周りを回る、ごくありふれた惑星であることが指摘されました。地動説がキリスト教会から警戒され、イタリアのガリレオ・ガリレイ博士が裁判にかけられながら「それでも地球は回っている」と言ったというエピソードは、あまりにも有名です。ニュートン博士が万有引力の法則を発表するずっと前、１６０９年から１６１９年にかけて発表された「ケプラーの三大法則」でも、地球の軌道は円ではなく楕円であることが、詳細な観測により、すでにわかっていたというのですから驚きです。

１６８７年にニュートン博士の宇宙モデルが提唱されます。ニュートン博士が発見した有名な万有引力の法則は、リンゴの運動だけではなく、宇宙のあらゆる天体の運動にも適用され得る点で、宇宙中で使うことのできる普遍的な物理法則です。物体の運動は、座標空間における時間発展として記述されます。地球の軌道が楕円であることも、彼の運動方程式から理論的に導かれます。しかし、ニュートン博士の宇宙モデルは、空間とはただの入れ物（絶対空間）であり、時間とは空間と独立に過去から未来に流れるものだとしています。つまり、時間と空間は別物だったのです。

ところが、20世紀になり、アインシュタイン博士が提唱した相対性理論に基づく宇宙論では、事情がまったく異なります。１９０５年に発表された特殊相対性理論により、時間と空間が混ざり合うことが提唱されます。また、その後、１９１６年に提唱された一般相対性理論では、エネルギーが時間と空間を決めることを指摘しています。１９１７年には、宇宙はそのままでは重力でつぶれるので、「宇宙項」（宇宙定数、今日で言うダークエネルギー）を書き加えて（つまり仮定して）、反発力により安定にしなくてはならないことを提唱しました。しかし、次に説明するアメリカのエドウィン・ハッブル博士らの観測による宇宙膨張発見後には、宇宙定数を導入するアイデアは人生最大の誤りだとして、後に取り下げました。1998年に宇宙の加速膨張が発見され、宇宙定数（もしくはダークエネルギー）の存在が検証されたことは、大変皮肉です。

宇宙が膨張していることは、光のドップラー効果を調べればわかります。相対性理論に現れる効果で、音のドップラー効果に似て、遠ざかる天体から出た光の波長が伸びるのです。このことから、遠方の銀河の後退速度が推定されます。ハッブル博士が1929年に、またベルギーのジョルジュ・ルメートル博士が1927年にそれぞれ提唱した「ハッブル＝ルメートルの法則」とは、銀河が遠ざかる速度がその距離に比例する、というものでした。もちろん、事前に別の方法を用いてその銀河までの距離を正確に測っておく必要があります。この、「どの方向の銀河でも遠ざかっている」という証拠から、宇宙が膨張していることが明らかになったのです。

理論的には1922年にロシアのアレキサンドル・フリードマン博士が報告したように、アインシュタイン方程式の解として、宇宙定数があろうがなかろうが、宇宙が膨張することを導出しています。アインシュタイン方程式はテンソルと呼ばれる4行4列の特殊な性質をもつ行列に関する方程式です。この宇宙を一様等方と仮定したときに、複雑なアインシュタイン方程式を簡単な形にした式は「フリードマン方程式」と呼ばれ、その宇宙膨張の解は「フリードマン解」と呼ばれます。フリードマン解では、宇宙の大きさは、火の玉の放射のエネルギーが大きな割合を占める宇宙では宇宙年齢の1/2乗、物質のエネルギーが大きな割合を占める宇宙では宇宙年齢の2/3乗に比例して大きくなります。

宇宙が時間とともに膨張するなら、時間を逆にたどれば、宇宙は小さかったことになります。そのような宇宙の様子を、一定の速度で膨張する風船に例えてみましょう。私たちは、風船の中心にいると仮定します。風船の表面に銀河が張り付いているイメージです。私たちから見て、風船の膨張とともに、それぞれの銀河への距離は離れていきます。同時に、銀河同士の距離も遠ざかっていきます。膨らめば膨らむほど、移動距離も長くなり、離れるスピードも増していきます。このことは、ものすごく大きくなったら、もしかしたら、その速度は光の速度に迫り得るかもしれないとも想像させます。実際、遠方銀河の後退速度は、本当に光の速度に迫っているのです。

その一方、十分に膨らんだ後に、時間を逆回しにしてみましょう。風船の半径を半分にしたならば、中に入っている物質の個数密度は8倍になります。加えて、物質は質量をもっているので質量密度も8倍になることを意味します。有名なアインシュタイン博士の関係式、$E=mc^2$では、Eはエネルギーで、mは質量ですね。cは光の速度ですが、定数です。この式の教えるところは、質量はエネルギーであるということです。つまり、風船の半径を半分にしたならば、中に入っている物質のエネルギー密度は8倍になると理解されるのです。

今度は、風船の中に光が閉じ込められていた場合も考えてみましょう。波長の短い青い光は、波長の長い赤い光より高いエネルギーをもちます。それをご存じであれば、風船の大きさが半分になると、光の波長が半分になり、光のエネルギーは2倍になることを想像していただけると思います。光の個数密度は、物質の個数密度と同じく、8倍になるのですが、この波長が変わることも加味すると、光のエネルギー密度は16倍になるのです。この事実から、宇宙の大きさをもっと小さくしていけば、いつかは光のエネルギーが物質のエネルギーを上回る、火の玉の宇宙になることが容易に推測されます。

ロシア出身のアメリカで活躍したジョージ・ガモフ博士が提唱した「火の玉宇宙のモデル」は、まさにこの考え方に基づくものです。宇宙は、少なくとも温度約100億度以上の火の玉から始まった。そして、宇宙誕生の3分後には宇宙全体で重水素とヘリウムなどの軽い元素が誕生するという、元素合成のシナリオを予言しました。実際、重水素とヘリウムの観測値から、ガモフ博士の元素合成の理論が正しいことが証明されています。ハッブル＝ルメートルの法則の発見以降も、宇宙膨張を疑う研究者はたくさんいました。ガモフ博士が火の玉宇宙モデルを提唱した後も、フレッド・ホイル博士は、「まるで大きな爆発（ビッグバン）みたいに宇宙は始まったというのかね？」と批判したそうです。このことから、皮肉にも「ビッグバン宇宙モデル」という名称で呼ばれるようになりました。

その論争に終止符を打ったのが、１９６４年のアメリカのアーノ・ペンジアス博士とロバート・ウィルソン博士による、火の玉のなごりである絶対温度３度（マイナス２７０℃）の電波の発見です。この電波は「宇宙マイクロ波背景放射（ＣＭＢ）」と呼ばれます。その後、ビッグバン宇宙モデルは、宇宙膨張、軽い元素の元素合成、宇宙マイクロ波背景放射の３つの観測事実により、宇宙の標準的なモデルとしての確固たる地位を固めていくことになります。

宇宙マイクロ波背景放射は、宇宙のどの方向からもやって来ています。現在では、その絶対温度３度からのゆらぎの空間的な分布まで測定されています。そのゆらぎは、約10万分の１という小さいものでした。プランク衛星による温度ゆらぎの詳細な観測から、現在の宇宙のエネルギーの中身は、放射（光子とニュートリノ）が約０・０１％、見える物質が約５％、ダークマターが約25％、ダークエネルギーが約70％だとわかってきました。異なるとはいえ、０・０１％から70％と、約４桁の範囲ですべての成分がだいたい同じ程度のエネルギー密度なのです。これも実は大変不思議なことです。そして、２０１８年のプランク衛星チームによる精度のよい観測データが発表され、宇宙年齢は１３７・９７億±０・２３億年と報告されました。

それでは宇宙の大きさがゼロであった時点より過去の宇宙の歴史は、どうなっているのでしょうか。そこは、実は現代の物理学でもわかっていないところなのです。大きさがゼロでは、エネルギー密度が無限大になってしまいます。そうすると既存の物理学の式では計算できないことを示していて、理論が間違っていることになってしまいます。その間違っている理論に基づいて推定しても説得力はありません。つまり、そうした高密度では、現在知られている理論が、いまだ知られていない新理論に取って代わられると予想されています。

例えば、量子重力理論の候補である「超弦理論」などが候補となります。そうした新理論では無限大は回避されて、宇宙は有限の大きさの泡のように誕生したのではないかと、アメリカのジェームズ・ハートル博士とイギリスのスティーヴン・ホーキング博士は提唱しました。これは「ハートル＝ホーキングの無境界仮説」と呼ばれます。泡の誕生の最中には、実数の時間ではなく、虚数の時間が流れていたとも考えられています。虚数とは、高校の数学で習う、実数の軸に垂直に交わる、違う軸に乗っている数のことです。

実際、宇宙初期でなくても、泡の生成を伴う真空の相転移を記述する方程式には、虚時間が流れることが知られています。そうなると、実数の時間で測るべき宇宙誕生の前か後かなんて、考える理由もわからなくなります。その泡が急激に膨張することにより、つまりこれは宇宙創成のインフレーションなのですが、ビッグバン宇宙につながると期待されています。偶然、条件の合う領域がインフレーションして大きな宇宙をつくったと思うと、唯一の宇宙（ユニバース）ではなく、たくさんの宇宙（マルチバース）が生まれた可能性すら示唆します。つまり、他にもインフレーションする条件がそろえば、別の宇宙は誕生し得て、そちらの方がずっと数が多いだろうことが推測されます。このときのエネルギースケールはプランク質量という1000京GeV（温度に換算すると1000京度の10兆倍）で、宇宙年齢はプランク時間という約10^{-43}秒、つまり、1000京分の1秒の1000京分の1の10万分の1ぐらいだったと考えられています。ここでG（ギガ）は10億という意味で、1eVは約1万度に相当します。このことから、後に話す大統一理論のエネルギースケールはさらに2〜3桁小さく、それは2度目以降のインフレーションであるとも考えられています。

ビッグバン宇宙モデルの問題点

そのビッグバン宇宙モデルにも、決定的な問題があることがわかってきました。遠くを見ることは、過去の宇宙を見ることに相当します。例えば、うみへび座銀河団までの距離は約1億6000万光年です。地球で1億6000万年前といえば、ジュラ紀の中期から後期にさしかかるという恐竜が全盛の時代です。その時期にうみへび座銀河団を出た光が、現在、地球で観測されているのです。逆に、うみへび座銀河団に住んでいる宇宙人たちは、ジュラ紀の地球から出た光を、現在観測しているのです。彼らは、現在の地球には恐竜がいると判断してしまうのでしょうが、やむを得ません。

火の玉のなごりの電波は、宇宙誕生から約38万年後に発せられました。その時期に火の玉宇宙が透明になり、光が散乱されずに直進できるようになったのです。現在は、138億年かけて飛んできた138億年前の約0・3eVのエネルギーの光を見ることができます。どの方向を見ても約10万分の1の精度で絶対温度で約3度（マイナス270℃）なのです。宇宙誕生38万年でも、現在から見ると、138億年前の宇宙の地平線から飛んできているのです。138億年から38万年を引いても、近似として約138億年ですね。それは赤方偏移を受けて、現在は絶対温度3度の電波になっているのです。大事なことは、その方向から138億年かけて初めて宇宙の地平線の近辺（138億年マイナス38万年ですが）から地球にたどり着いたということです。一方、その反対からも、観測事実として、同じ絶対温度3度の電波がやって来ています。

ここで、不思議なことが起こっていることにお気付きでしょうか？　光の速度で飛んでも、今まで決して出会うことのなかった宇宙の端と反対側の端から138億年かけて飛んできた光の温度が同じということを言っているのです。反対方向の端から端までの距離を測ると、単純に138億光年の約2倍ということになります。宇宙の年齢は138億歳ですから、2倍の276億光年離れた場所の両者の光子は因果関係をもたないはずです。それなのに、地球で測定されたときに同じ温度になっているのです。この不思議な矛盾は「宇宙の地平線問題」と呼ばれます。

その他、ビッグバン宇宙モデルでは、宇宙が膨張するにつれ、宇宙の時空の曲がり具合（曲率）のエネルギーが支配的になるという理論予想があります。しかし、観測される宇宙の曲率のエネルギーがとても小さくて、現在の宇宙の曲率が平らすぎるという「平坦性問題」なども深刻な問題として知られています。また、前述の宇宙の温度ゆらぎの起源について、ビッグバンは何も教えてくれません。熱平衡の火の玉の中の粒子の統計的なゆらぎでは、約10万分の1という大きさのゆらぎはつくれないのです。もっと小さいものしかつくれません。

加えて、宇宙初期に素粒子論との大統一理論を適用すると、宇宙年齢10^{-36}秒（100京分の1秒の100京分の1）ぐらいのころに、モノポール（磁気単極子）と呼ばれる、とても重い磁石のような物体が大量につくられることが知られています。そのエネルギーは理論計算により、なんとダークマターの100兆倍以上多くなってしまって、現在の宇宙と矛盾してしまいます。その場合、重力が強くなり、138億年よりもっと前につぶれてしまって人類は生まれないことになります。これは、「モノポール問題」と呼ばれます。

また、これまでの章でも登場した超対称性理論という新理論では、重力を媒介する重力子（グラビトン）の超対称性パートナーである、「グラビティーノ」という重い未発見の粒子の存在が予言されており、宇宙初期の火の玉の中でたくさんつくられるとされています。超対称性理論は、そのように超対称性という、素粒子特有のスピンを入れ替える対称性をもつ未発見のパートナーがいると予言する理論です。グラビティーノはとても長寿命で、3分以上の寿命をもつ可能性があります。その場合、崩壊して高エネルギー光子を出してしまうことが予想されています。

ちょうどビッグバン元素合成でヘリウムがつくられた後に崩壊するならば、高エネルギー光子がヘリウムを壊してしまい、観測と矛盾する危険性があります。これは「グラビティーノ問題」と呼ばれています。

問題を解決する新しい機構、インフレーション

実は、前述したビッグバン宇宙モデルの問題点、つまり、①地平線問題、②平坦性問題、③温度ゆらぎの起源、④モノポール問題、⑤グラビティーノ問題を解決する、新たな宇宙モデルの新しい機構が、インフレーションなのです。以下に、それについて紹介します。また、前述した宇宙創成時のインフレーションとは、エネルギースケールが違うことが観測的にわかっているので、ここで説明することは、おそらく2回目以降のインフレーションではなかろうかと考えられています。宇宙初期に加速的に膨張する時期、おそらく大統一が起こるエネルギー、1京GeV、つまり、温度に換算すると1京度の10兆倍ぐらいのエネルギースケールで、インフレーション期があったと仮定されます。その膨張のスピードはすさまじく、光の速さを超えるものだったとするのです。ビッグバンのときのように、時間の1/2乗に比例するなどという勢いではなく、膨張の速度が加速していく加速膨張を通じて急激に大きくなるのです。加速膨張の意味は、後に詳しく説明します。

ビッグバンの前の急激な膨張

そうした急激な加速膨張は、アインシュタイン博士が導入した宇宙項が定数であるときに起きることが知られています。それはアインシュタイン方程式の解の１つなのです。その宇宙項をつくっていると期待されているのが、未発見のスカラー場（もしくはスカラー粒子）です。これはヒッグス場のようにスピン０の場で、インフレーションを引き起こすという意味で、「インフラトン場」と呼ばれることもあります。すでに知られているスカラー場には、既出のヒッグス場がありますね。そのインフラトン場が一定のポテンシャルエネルギーをもつときに、宇宙項のような役割を演じます。ポテンシャルエネルギーとは、素粒子の場の位置エネルギーに対応するエネルギーです。ポテンシャルエネルギーが高いほど、転がり落ちるときの運動エネルギーを大きくする「ポテンシャル」が高いと理解します。そのポテンシャルの高いところに乗っかって宇宙が始まった場合、インフレーションが自然と起こるのです。

加速的な急激な膨張と聞いても、すぐに思い浮かべることは難しいかもしれません。ビッグバン宇宙の膨張は、爆発的な膨張とも形容されますが、実はそこまで速くないのです。そう聞くと驚かれるかもしれませんね。ビッグバンの膨張の速度が速いといっても、その速度がどんどん遅くなる減速膨張であることが、フリードマン解など理論計算で明らかとなってきました。一方、加速膨張とは、膨張の速度がどんどん速くなっていく膨張なのです。もし、宇宙のエネルギー密度が宇宙定数のような一定のエネルギー密度に支配されたならば、前述のフリードマン方程式では、加速度が正となり、加速膨張を起こすのです。その膨張の様子は指数関数的膨張とも称されます。その様子を次に簡単に説明します。

例えば、そのときの宇宙年齢から、同じくらい宇宙年齢がたつと、宇宙の大きさが約２・７倍になるような膨張の仕方なのです。簡単にするために、次からは、きっちり2倍の場合を例として話します。さらに、最初から測って宇宙年齢の2倍たつと、宇宙の大きさは4倍になります。この性質をもつならば、宇宙年齢の10倍たつと１０２４倍、20倍たつと約１００万倍、30倍たつと約10億倍になるというように、倍々ゲームのように急激に大きくなっていきます。これが指数関数的な、つまり加速的な膨張なのです。インフラトン場のポテンシャルエネルギーが一定の場合、そのエネルギーは宇宙定数とみなすことができます。

宇宙の温度が大統一理論のエネルギースケール（1京度の10兆倍）だったとき、宇宙の年齢は約10^{-38}秒、つまり、１０００京分の1秒の１０００京分の1でした。その約10^{-38}秒の間に、宇宙は約10^{23}倍、つまり1兆倍のさらに１０００億倍ぐらいの大きさに膨張します。この数は、１㎝のビー玉が一瞬の間に銀河の大きさ（約10万光年）になるぐらいの急膨張であったことを示しています。

インフレーションはなぜ必要か

そのように、インフレーション前には温度が等しく絶対温度３度になるような条件をそろえた因果関係のある小さな領域が、インフレーションにより一気に地平線の外まで広がったと解釈するのです。その場合、インフレーション前にはそれぞれ近い領域でしたので、上記の因果関係を破るわけではありません。つまり、今まさに光が届こうとしている地平線とその反対側の地平線は、昔は同じ小さな領域の中だったたと解釈されるのです。これで地平線問題は解決されます。

また、風船の例をもう一度思い出すと、そうした急膨張は丸まっている風船を一瞬で大きくして、その丸まり具合を伸ばして平らにするほどだったと考えられます。このようにして平坦性問題も解決されます。その一方、インフラトン場は素粒子なので、量子力学の不確定性原理に由来する「量子ゆらぎ」をもち得ます。大きな量子ゆらぎは、激しい膨張の最中に真空から生成されると考えられています。その量子ゆらぎが急激な膨張を受けて地平線の外まで引き伸ばされると、時間とともにゆらいでいたインフラトン場の量子ゆらぎは、地平線の外では、あたかも振動していないように見えるほど長い波長に伸ばされます。そのとき、時間とともに、ゆらぐという量子的な性質を失っていきます。そうすると、元の振動の波長が凍りついたそのパターンは、場所ごとにゆらぐ、古典的な密度（曲率）ゆらぎとなります。インフレーションが終わり、インフラトン場が光子などに崩壊して火の玉宇宙（ビッグバン宇宙）をつくるわけですが、そのとき、火の玉の温度はその密度（曲率）ゆらぎに沿うようにゆらぎをもってつくられます。そして、その温度ゆらぎは、宇宙マイクロ波背景放射のゆらぎとして、今日、WMAP《ダブリューマップ》衛星やプランク衛星に観測されるのです。

加えて、インフレーション後に実現される、そうした火の玉の温度は、必ずしも大統一理論のエネルギースケール（1京度の10兆倍）に戻る必要はありません。この温度を再加熱温度と言います。インフレーションの前にも火の玉があったかもしれないので、再加熱と呼ばれます。インフラトン場の寿命が十分に長いなら、火の玉の再加熱温度は、大統一理論のエネルギースケールよりずっと低い温度になる可能性があります。その場合、モノポールをつくるだけのエネルギーが足りなくて、モノポールはつくられず、モノポール問題は解決されます。また、グラビティーノ問題についても、火の玉の温度が10万GeV以下、つまり１００京度以下というさらに低い再加熱温度が実現されているならば、グラビティーノの量が十分につくられず、崩壊しても有意な量のヘリウムを壊さずにすむせいで、観測データに抵触しないのです。このように、低い再加熱温度の実現により、グラビティーノ問題が解決されるに違いないと理解されています。

インフレーションと素粒子物理学

前述したように、この、おそらく2回目以降のインフレーションを起こすのは、未発見の素粒子であるスカラー場（インフラトン場）だと予想されています。おそらく、次に説明するように、観測からそのエネルギー密度のスケールは、大統一理論のスケール以下であると報告されています。そのため、正確にはそのスケールは1京GeV（温度に換算して1京度の10兆倍）以下ということになります。また、宇宙定数のように一定とも解釈されるような、緩やかなポテンシャルエネルギーをもつ必要があります。このことから、インフラトン場は、ポテンシャルを平坦に保つために必要な条件、例えば、既出の超対称性などの対称性でポテンシャルが急勾配になる量子補正を消す機構をもつ理論（超対称性理論）に現れる新粒子ではなかろうかとも予想されています。

また、インフレーションは、前述の曲率ゆらぎに加え、重力波の背景放射をつくることでも知られています。重力波は激しい膨張の最中に真空から生成される時空のゆらぎなのです。宇宙初期に初めてつくられた重力波なので、「原始重力波」とも呼ばれます。その生成量は、エネルギースケールの4乗に比例して大きくなると予想されています。つまり、原始重力波が観測されれば、インフレーションのエネルギースケールを、上限ではなく、例えば大統一理論のエネルギースケールなどと、ぴったり決めることができるのです。この情報を使い、インフラトン場がどのような素粒子であるかという正体と、インフラトン場を記述する素粒子の理論を明らかにできるに違いないと期待されています。

インフレーションを証明する実験とは？

次に、宇宙マイクロ波背景放射の観測を用いて、インフレーションが起きるエネルギースケールを同定する方法について解説します。インフレーションが起きるエネルギースケールを同定するには、宇宙マイクロ波背景放射の温度ゆらぎと偏光の詳細な観測データを得る必要があります。

光の波は、進行方向に対して横方向に振動する横波であり、その振動する方向を特徴付ける偏光の面があります。太陽の中では、一様で等方な環境で大量の光（光子）が生成されるので、本来、光子それぞれがもつ偏光の特徴的な方向が、全体では平均化されてしまいます。そのため、太陽からは、あたかも偏光していない自然光（非偏光の光）が放射されるかのようになり、われわれは太陽の光は偏光していないと解釈するのです。

同様に、宇宙に密度ゆらぎがなければ、宇宙マイクロ波背景放射は完全に一様で等方な火の玉の中でつくられて、一様で等方な空間を進むので、その光に偏光はありません、しかし、空間的な密度ゆらぎがあった場合、火の玉の温度が高い場所と低い場所（温度ゆらぎ）があることを意味するので、状況がまったく異なります。もちろんわれわれは、これまでの宇宙マイクロ波背景放射観測でそうした温度ゆらぎがあることを知っています。そうした温度ゆらぎのある状況でつくられた宇宙マイクロ波背景放射の光は、振動の強度が場所場所で違っていて、さらに電子との散乱のされ方に方向依存性があるせいで、その光と電子との散乱後に偏光の強さに方向依存性が生じてしまいます。この現象は「直線偏光」と呼ばれます。そのタイプの偏光があるときの光の偏光の向きの空間分布は、あたかも温度が低いところを中心に温度が高いところに直線偏光の方向が伸びるような放射状のパターンになることが知られています。この偏光のパターンは、宇宙マイクロ波背景放射の観測の分野で使われる言葉で、「Eモード偏光」と呼ばれます。

それに加えて、前述のインフレーション起源の重力波の背景放射が宇宙に満ち満ちている場合には、別の特徴的な偏光パターンを生み出します。前述したアインシュタイン方程式における重力波を記述する4行4列の行列が特殊な性質をもつテンソルであることから、その原始重力波背景放射は「テンソルゆらぎ」とも呼ばれます。そして、その特殊な性質をもつテンソルゆらぎがある時空を宇宙マイクロ波背景放射の光子が伝搬するとき、光子の偏光に影響を与えて別のタイプの方向依存する偏光をつくり出します。そのとき、光の偏光の空間分布は、放射状の線をそれぞれ回転させたような、渦巻のようなパターンを生むことが知られているのです。これは、さきほどのEモード偏光に対して、「Bモード偏光」と呼ばれます。

これまで、その原始重力波起源の宇宙マイクロ波背景放射のBモード偏光は見つかっていません。インフレーション起源の原始重力波背景放射のシグナルが弱く、これまでの装置ではそれを検出するための感度が足りなかったと理解されています。KEKの宇宙マイクロ波背景放射観測グループは、LiteBIRD《ライトバード》という偏光の観測に特化した人工衛星を宇宙航空研究開発機構（JAXA《ジャクサ》）と共同で打ち上げようとしています。前述のプランク衛星の感度より2桁高い画期的な精度をもっています。これにより2020年代後半に、Bモード偏光を観測し原始重力波を検出することが期待されています。

また、まったく独立な実験ですが、人工衛星による重力波の干渉計の実験でも、原始重力波を検出できる可能性があります。日本が主導し2030年以降に宇宙に打ち上げる0・1ヘルツ帯干渉計型重力波天文台DECIGO《デサイゴ》が、同様かそれ以上の精度でそのインフレーション起源の原始重力波を検出する可能性があります。原始重力波を検出し、インフレーションを起こす大統一理論のエネルギースケールの素粒子モデルを特定することは、実はそう遠くない将来に実現するのかもしれません。

第 8 章
宇宙の大規模構造の起源
——ダークマター・ダークエネルギー

宇宙の運命を握るもの

この章では、宇宙には見える物質のエネルギーより、ダークマター（暗黒物質）がその5倍近く多く存在し、その強力な重力により物質を引き寄せて、これまで多くの銀河がつくられてきたことを解説します。ダークマターが、銀河同士すらも引き寄せて、より大きな天体である銀河団や超銀河団をつくるなど、これまでに観測されている宇宙の大規模構造をつくってきたのです。

その一方、引力ではなく斥力をもつダークエネルギー（暗黒エネルギー）の量が徐々に増えてきて、ダークマターの3倍近くほどのエネルギーをもつに至り、現在の宇宙を加速膨張させ続けていることを紹介します。つまり、ダークエネルギーこそが、将来の宇宙の運命を握る、極めて重要な役割を担っているのです。

物質とダークマター ——物質とは何か

物質という言葉が意味するものは、さまざまな背景により、その定義が異なってきます。しかし、これまでの章で述べられてきたように、素粒子物理学では物質とは、主にクォークでつくられた陽子や中性子のような核子を指します。もしくは、その材料であるクォークやレプトンなどの素粒子を指す場合が多いようです。

これまで見てきたように、核子は3個のクォークでつくられています。陽子はアップクォーク2個と、ダウンクォーク1個です。核子が集まって原子核をつくり、原子核に電子が捕られて原子がつくられます。原子が組み合わさったものが分子ですね。私たちの体は原子・分子からできていますが、最小の単位という意味で、クォークからできていると言っても過言ではないでしょう。この、クォークつまり核子からつくられた物質は、「バリオン物質」と呼ばれます。バリオン物質は光を散乱するので、目に見える物質です。これまで述べてきた反物質も、「反」と付いていますが、核子からつくられているのでバリオン物質であり、目に見える物質です。

実は、宇宙全体の進化を研究する学問である宇宙論では、宇宙の膨張に与える影響の性質から、物質を定義します。それは、宇宙の体積が2倍になればその密度は半分になる、そのようなエネルギー状態をすべて物質と呼ぶことにする、という定義です。ここでいう密度とは、数の密度でもよいですし、質量、もしくはエネルギー密度でも同じ意味となります。質量密度とは、アインシュタインの相対性理論ではエネルギー密度と同じ意味なのです。

見える物質であるバリオン物質は、当然、宇宙論の定義でも物質です。そしてこの宇宙論の定義に従うと、物質とは、バリオン物質である必要すらないのです。

ダークマターは存在する

次に、見えない物質、ダークマターが存在するという話をします。ダークマターが物質と呼ばれるためには、光のように速いスピードで飛び回ってもいけません。速度が遅い（エネルギーが低い）という意味で、冷たい（コールド）ダークマターと呼ばれることもあります。見えない物質、ダークマターが存在すると信じるに足る、科学的な宇宙観測について3点紹介します。①銀河の回転曲線、②衝突する銀河団の重力レンズ効果、③宇宙の大規模構造の種です。

1つ目は、他の銀河内の天体の運動に関する観測によるものです。ここで天体の運動とは、恒星やガスの塊の領域が、銀河の中心を円盤状に回っている回転運動のことを指します。

ここで先に、われわれの太陽系内の惑星の運動を復習しておきましょう。太陽系の形成の起源を考えれば明らかなように、太陽系内の惑星の運動は太陽という恒星の重力のみが主に支配していて、太陽の周りを惑星がそれぞれの公転周期で回っています。例えば、地球が1年で回るのに対し、最も太陽に近い水星は約90日、最も太陽から遠い海王星は約160年など、その周期はさまざまです。公転軌道の円周の長さも違うのですが、その回転の速度もそれぞれ異なっています。観測により、地球が秒速約30kmで公転しているのに比べ、水星は地球よりも速くて秒速約47km、海王星は地球よりずっと遅くて秒速約5・4kmです。ニュートンの法則から導出された運動方程式によると、速度は太陽の質量の平方根に比例し、それぞれの惑星の質量に無関係で、太陽からの距離の平方根に反比例するという関係にぴったり合っています。

ところが驚くことに、他の銀河の円盤全体の回転の速さを測定したところ、中心からの距離に関係なく、ほぼ一定だったのです。この半径ごとの速度は「回転曲線」と呼ばれます。これは、太陽系のような惑星の重力が支配的な小さな領域と、銀河全体の大きな領域とではまったく状況が異なることを示しています。

この、銀河の回転曲線（半径ごとの回転の速度）が半径を変えても一定という不思議な現象は、実はダークマターを導入すると解決されるのです。これまでは、銀河の光っている円盤部分のみに着目して、太陽系の惑星の運動のような計算をしていたため、誤っていたのです。光っている円盤部分すら十分に覆い隠すほどのダークマターがつくる球対称の分布を仮定するのです。その場合、そのハローとも呼ばれる球対称のダークマター分布が、円盤部分の物質の重力源を上回り、むしろ支配的な重力源になります。そして、ニュートンの運動方程式により計算すると、この回転曲線がちょうど一定になるという、一見、非自明な性質が導かれます。１９８０年にアメリカのヴェラ・ルービン博士らが、銀河中を回転する水素ガスが放出する21㎝線（波長が21㎝の特殊な電波）の観測から、この回転曲線がダークマターの存在により説明できることを論文として発表しました。銀河の回転曲線は、非常に決定的なダークマターの証拠となっています。

2つ目は、弾丸銀河団と名付けられた、衝突する2つの銀河団の観測によるものです。2つの銀河団には、バリオン物質が含まれているので、それらが衝突してX線を出して光ります。その画像から銀河団の位置がわかります。ところが、重力レンズ効果という別の方法で2つの銀河団の位置を測定したところ、衝突せずにすり抜けている成分がとても多いという結果となりました。重力レンズとは、重い天体の周りでは、一般相対性理論の効果により空間が曲げられ、光が直進できずにレンズとなる天体を中心に集光される現象です。弾丸銀河団の背後にある天体から出た光は、弾丸銀河団の重力レンズ効果によって曲げられます。そこで、背後の天体から出た光を逆算して、弾丸銀河団の質量成分の空間的な分布の画像をつくったのです。その結果、バリオン物質とは異なり、お互いに衝突せずにすり抜けている物質の存在が描き出されました。これは、ダークマターが存在する証拠です。

3つ目は、本章のテーマでもある、宇宙の大規模構造の種としての役割です。宇宙の始まりにおいて、銀河がなかった状態から、太陽質量の約1兆倍もの重さの銀河がつくられるためには、その種となる、密度が濃い（高い）領域が必要です。そうした空間的な密度の濃い薄いは、「密度ゆらぎ」と呼ばれます。元はインフラトン場の量子ゆらぎだったものが、インフレーションを経て、密度ゆらぎとなりました。最初に密度が高いところには、重力により、どんどん物質が集まってきて、どんどん密度が高くなっていきます。逆に、最初に密度が薄い（低い）ところは、どんどん密度が低くなっていきます。このように一方向にどんどん進んでしまうことは、不安定性と呼ばれます。重力の不安定性により、宇宙年齢をかけて、大きく重い銀河がつくられるのです。先に紹介した銀河団は、その銀河が重力で集まった天体、銀河団が重力で集まった天体が超銀河団です。

ところが、宇宙の進化において、質量を担う物質が、見える物質、つまりバリオン物質だけしか存在しなかった場合、大変な問題を引き起こします。見えるということは、光を出したり、光と散乱したりするという意味です。宇宙の火の玉の中で、光とバリオン物質だけがゆらぎをもっていたのであれば、それらは激しく散乱して、それぞれがもっている密度ゆらぎをならして平均化してしまいます。その結果、密度ゆらぎがなくなってしまい、大きく重い銀河がつくられないという問題を引き起こします。これを防ぐためにも、光と散乱しない、つまり見えない物質であるダークマターが必要不可欠なのです。ダークマターの密度ゆらぎの大きいところに、見える物質がどんどん落ち込んでいって、銀河をつくります。最近の理論と観測との進展から、ダークマターは見える物質の約5倍の量で存在しないと観測と合わないことがわかってきました。

ダークマターの候補　――未知の素粒子か、原始ブラックホールか？

ダークマターとは、いったい何なのでしょうか。実は宇宙と素粒子の研究の業界では、ものすごくホットなトピックとして、数十年もの歳月を要して活発な議論が行われてきています。すでに上記の議論によって、見える物質は除外されています。赤色矮星や褐色矮星のような発見されていない小さな恒星が大量にあるという可能性はどうでしょうか。それらは見える物質（バリオン物質）なので、上記の構造形成における、ゆらぎをならしてしまうというネガティブな効果によって候補となりません。同じ理由により、恒星が最期を迎えたときに形成される天体、例えば、中性子星や白色矮星なども、元はバリオン物質でしたから、ダークマターとはなり得ません。重い恒星がつぶれてつくられる天体起源のブラックホールも、同じ理由で駄目なのです。銀河・クエーサー・活動銀河核などの中心に鎮座する約数十億太陽質量にも上る超巨大ブラックホールの質量を足し挙げても、ダークマターの0・1％程度にしかならないことも、観測から明らかになってきました。

長年、候補かもしれないと考えられてきたニュートリノも、条件を満たしません。宇宙に満ちている火の玉のなごりである3世代（電子、ミュー、タウ）存在する宇宙背景ニュートリノは、数はとても多いのですが、個々の質量が小さいために、ダークマターとはならないことが判明してきました。スーパーカミオカンデでニュートリノの質量の存在自体が発見され、梶田隆章博士がノーベル物理学賞を受賞しましたが、皮肉にもダークマターとなるには量が足りなかったのです。ニュートリノの質量は、最新の宇宙マイクロ波背景放射などの観測から多めに見積もっても約０・１eVです。１eVは１gの約10^{33}分の１、つまり１兆分の１の１兆分の１の10億分の１です。その軽いニュートリノは、これまでの章でも紹介されたように、スピンと呼ばれる自転に相当する性質が、左巻きであることがわかっています。左巻きという性質は、左回転という意味なのですが、地球の自転のように下から見たら逆回転に見えるような本当の回転とは異なり、概念的に名付けられただけのものです。

理論的に予言される筆者お薦めのダークマター候補は、次の４つです。①ＷＩＭＰ《ウィンプ》、②アクシオン、③原始ブラックホール、④右巻きニュートリノ。他にも、それこそ山のように候補はあるのですが、近い将来に決着がつきそうな候補という観点から、筆者の独断で４つ選びました。次に、それらの性質の違いなどと、どうやって検証するのかについてのアイデアを説明します。

どうやってダークマターを見つけるのか

最も有力な候補と目されているのは、ＷＩＭＰと呼ばれる未発見の素粒子です。「弱い相互作用をする重い粒子」という意味の英語の頭文字を取って、そうした性質をもつ粒子の総称として名付けられました。重さは、陽子の１００倍（約１００ＧeV）程度以上です。他の粒子との相互作用が弱すぎて散乱の頻度が低くて見つけられない粒子なのです。英語の単語 wimp 自体が弱虫という意味なので、名は体を表していますね。具体的な粒子としては、まだ仮説である超対称性理論に現れる光子、もしくは、Ｚ粒子かヒッグス粒子の相棒の総称であるニュートラリーノが、ＷＩＭＰの候補として注目されています。

ニュートラリーノの見つけ方は単純です。キセノン原子などの重い原子核を数トンも用意して、ニュートラリーノがぶつかってくるのを待つ方法が、最も有力とされています。キセノン原子の中の陽子や中性子との相互作用は弱いのですが、大量にキセノンを用意すれば、確率が上がって、直接検出できるという考え方です。しかし、これまでにニュートラリーノが確実に発見された、とする報告はありません。また、高エネルギー加速器研究機構（ＫＥＫ）も参加するスイス・ジュネーブにある欧州合同原子核研究機構（ＣＥＲＮ）の大型ハドロン衝突型加速器（ＬＨＣ）での加速器実験でニュートラリーノがつくられると期待されていたのですが、見つかりませんでした。

その一方、宇宙観測を用いるアイデアもあります。銀河の中心など、ダークマターの密度が濃いところで、ダークマター同士がお互いに衝突して対消滅することが期待されています。対消滅した後、ニュートラリーノならば、光や電子、クォークなど見える粒子を対生成によりつくることが理論的に予想されています。そうした２次的につくられた見える粒子を検出し、間接的にＷＩＭＰを検出するのです。現在の理解では、質量が約１００ＧeVよりずっと重いせいで、数も少なく衝突頻度が低いのではないかという解釈がなされています。今後、ターゲットの原子の量を多くする、もしくは、検出器の感度を高めるなど装置の改良を重ねて、将来的に検出されることが期待されています。

次の候補はアクシオンという、これまた光の親戚のような新粒子です。もともとは、前述されたグルーオンとクォークの間の強い相互作用において、実験データと合うようにＣＰ対称性の保存則を保つべし、という理論的要求から、その存在が予言された粒子です。アクシオンがなければ、ＣＰ非保存となってしまい、実験と矛盾します。アクシオンは強い磁石がつくる磁場の下で光子に変身するという性質をもちます。この性質を用いて、地球の周りに大量に存在しているアクシオンや、太陽の中の散乱で新しくつくられて地球に向かって飛んできているアクシオンが、磁場の下で光子に変換される様子を観測しています。アクシオンは、典型的に約１μeVの質量をもつと期待されています。μはmicro（マイクロ）で１００万分の１を表します。しかし、依然として未発見で、現在の検出器の感度では足りないのではないかと解釈されています。

もしくは、前述の強い相互作用におけるＣＰ非保存と無関係なアクシオンに似た粒子、アクシオン・ライク・パーティクル（ＡＬＰ）がダークマターになっている可能性すら、活発に検討され始めています。ＡＬＰの場合は、これまでの実験では見つからないため、新しい地上もしくは宇宙での実験が数々提案されてきています。ＫＥＫのＢｅｌｌｅⅡ実験では、電子と陽電子を衝突させて、数十ＧeVの質量をもつＡＬＰをはじめとする、典型的なＷＩＭＰより軽いダークマター候補の痕跡を探る解析も並行して行われています。KEKも参加する日本の大型低温重力波望遠鏡KAGRA《かぐら》実験では、アメリカのLIGOとイタリアのVirgoという重力波検出器との共同で、重力波のデータを解析しています。KAGRA等に取り付けた検出器内のレーザーの偏光について、ALPの存在によりその偏光面が回転してしまうという性質があります。この性質を用いてALPを検出できる可能性があります。

3つ目の候補は、筆者の推しダークマターである原始ブラックホールです。通常のブラックホールが重い恒星の最期につぶれてつくられる天体であるのと異なり、原始ブラックホールは宇宙初期に密度ゆらぎが極めて大きな部分がつぶれることで生成されます。見える物質からつくられたのではなく、火の玉の放射がつぶれてつくられたブラックホールなのです。通常のブラックホールの重さは、およそ太陽質量以上、つまり約100京トンの10億倍以上です。それに対し、原始ブラックホールがダークマターになる場合の重さは、約1000億トンから約10京トンの間と予想されています。つまり、太陽質量より桁違いに軽いのです。

これは筆者の研究で示したことなのですが、もし原始ブラックホールが約1000億トンより軽い場合、ホーキング輻射として知られているように、ガンマ線の熱輻射を出して蒸発してしまい、現在のガンマ線の観測で蒸発する様子が見えるはずです。しかし、これまでの観測からそうした現象は見られないので、原始ブラックホールがダークマターになっているなら、もっと重くないといけないということになります。

その一方、重さが約10京トンより重い場合というのは、すばる望遠鏡の観測により否定されてしまいます。すばる望遠鏡でアンドロメダ銀河の恒星をずっと観測していると、その恒星の前を原始ブラックホールが通り過ぎる場合があります。そのとき、原始ブラックホールによる重力レンズ効果で、恒星の明るさが増光することが期待されていました。しかし、実際は観測されなかったことから、重さ約10京トン以上の原始ブラックホールを完全に否定してしまいました。

将来、ガンマ線観測の感度が上がれば、残っている質量領域である、約１０００億トンより重く、約10京トンより軽い原始ブラックホールが、ゆっくりと蒸発する様子が観測されるかもしれません。また、原始ブラックホールをつくる密度ゆらぎは、同時に非線形重力波をつくることが知られています。将来の感度の高い、レーザー干渉計宇宙アンテナＬＩＳＡ《リサ》や０・１ヘルツ帯干渉計型重力波天文台ＤＥＣＩＧＯなど人工衛星での重力波観測で、その非線形重力波を観測できれば、原始ブラックホールのダークマター説が検証される可能性があります。

４つ目の候補は、未発見の右巻きニュートリノです。その質量についての条件として、すでに検出されている左巻きニュートリノの質量の30倍程度あれば、質量だけなら、ダークマターに十分足りるのです。しかし、その程度だと軽すぎて光のように飛び回るせいで、銀河をダークマターとしてつなぎ止められません。つまり、前述の冷たいダークマターとはなりません。要求される条件は、左巻きニュートリノの数万倍以上の重さ、つまり、数千eVの質量をもつ必要があります。重い右巻きニュートリノは、X線光子を出して崩壊することが理論的に予言されています。その光子を検出できれば、右巻きニュートリノがダークマターであると確定する可能性があります。また、大強度陽子加速器施設J－PARCでのニュートリノ振動実験T２Kなどでは、ニュートリノが右巻きニュートリノに崩壊もしくは振動する痕跡も探っています。また、KEKが参加するLiteBIRD衛星実験では、将来得られる詳細な宇宙マイクロ波背景放射の偏光のデータから、右巻きニュートリノダークマターを検出する可能性があります。

宇宙全体の70％を占めるダークエネルギー

前述したように、ダークエネルギーもしくは宇宙定数が現在の宇宙に占める割合は、観測から約70％です。このダークエネルギーの多さが、インフレーションと同様に、現在の宇宙で、宇宙の加速膨張を引き起こしています。Ia型と呼ばれる超新星爆発からの光を観測すると、宇宙の大きさが1/3から1/2の昔と比べて、現在の宇宙年齢に近づけば近づくほど、加速膨張がどんどん激しくなってきていることがわかってきました。Ia型とは、恒星の終末期の１つの姿である白色矮星にガスが降り積もって臨界質量を超えることで爆発するタイプの超新星爆発です。１９９８年に同時に発表された宇宙の加速膨張を示す観測データの業績により、アメリカのソール・パールムッター博士たちと、オーストラリアのブライアン・シュミット博士とアメリカのアダム・リース博士たちの２つのグループに２０１１年、ノーベル物理学賞が与えられました。

ダークエネルギーは、現在では宇宙全体のエネルギーの70％と、大きな量となっています。しかし、本当に定数であることを仮定するならば、宇宙が生まれた宇宙初期では、ものすごく小さな量だったことを意味します。宇宙が始まったときに、なんらかの物理過程により、この小さな種が仕込まれたのではないかと考えられています。また、近い将来、ダークエネルギーが宇宙のエネルギーの１００％を占めるようになり、完全に支配的になると予想されています。しかし、その小ささの起源は、現代物理学では説明できません。未解決であり、新しい物理学の理論の発見が必要だと考えられています。この章の最後に、唯一あり得る科学的ではない解決方法である、人間原理での解決方法を解説します。人間原理は、人間の存在がこの宇宙の性質を決めているかもしれないという不思議な概念です。

真空の相転移と宇宙定数　――宇宙は再び加速膨張期を迎えた

宇宙が誕生したエネルギーとされるプランク（質量）スケール（約１０００京ＧeV）から、宇宙はさまざまな相転移を経験して、その相を変えてきました。それを水の３相に例えるならば、水蒸気、水、氷というように、温度が低くなるにつれて、エネルギーのより低い、まったく異なる相に変わってきたというものです。それらの相とは、大統一理論の相転移（1京GeV）、電弱相転移（100GeV）、量子色力学の相転移（100MeV）などです。その一方、ダークエネルギーのエネルギースケールは、0・002eVで、最も低いエネルギー状態の真空だと理解されています。この、ダークエネルギーのスケール（0・002eV）だけは、現在の物理学では説明できません。以下に説明するように、その数字をもつ物理量が存在しないのです。

大統一理論が正しいかどうかは、まだ実験では検証されていませんが、理論の整合性だけから、その存在の確からしさが予言されています。大統一理論の相転移後、1京GeVのエネルギースケールの真空のエネルギーが残っている可能性があります。また、電弱相転移を引き起こすヒッグス粒子は、2012年にCERNのLHC実験により発見されました。2013年にヒッグス粒子の存在を予言した2人の理論家、ヒッグス博士とアングレール博士にノーベル物理学賞が贈られています。電弱相転移により、100GeV程度の真空のエネルギーが残っている可能性があります。加えて、温度1兆度（100MeV）の火の玉宇宙の中で、大量のクォーク・反クォークが一斉に対消滅するうちに、約10億分の1個だけが陽子や中性子などの核子として残ります。この量子色力学の相転移の真空のエネルギーは、約100MeVのエネルギースケールだと考えられています。

つまり、現在の物理学における素粒子の標準理論では、ダークエネルギーのエネルギースケールの約０・００２eVで起こる相転移は知られていません。約０・００２eVのスケールの真空のエネルギーは、現在の物理学では理論的に説明不可能なのです。これは、重力を修正するようなエキゾチックなモデルを考えたとしても、加えてそのエネルギースケールをさらに仮定しなければならないことに変わりはありません。このことは、未発見の新しい物理法則の存在を予感させます。

その真空のエネルギーが支配的になりエネルギー密度が近似的に一定になると、アインシュタイン博士が唱えた宇宙項、つまり宇宙定数とまったく同じ働きをします。宇宙定数を含む、もっと広い概念としてダークエネルギーという、完全に定数でなくても緩やかな変化であればよいという考え方も、観測からは否定されていません。第７章で説明した通り、宇宙定数つまりダークエネルギーが支配的になると、宇宙の大きさは倍々ゲームのように再び加速膨張により時間発展していきます。

ダークエネルギーとは何か？

宇宙定数を素粒子論の言葉で表現するなら、未知のスカラー場が、そのポテンシャルエネルギーの底に落ち着いている状況だと考えられています。ポテンシャルエネルギーとは、スカラー場が固有にもつ位置エネルギーのようなエネルギーのことで、低いエネルギー状態に行けば行くほど安定であることを意味します。ダークエネルギーとなる未知のスカラー場の正体は、実験的にも、観測的にも、まったく明らかになっていません。そのため理論上は、その存在を仮定して宇宙モデルをつくることになります。

ここでは、ダークエネルギーとなるスカラー場をϕ（ファイ）と呼びましょう。このϕのポテンシャルエネルギーの底のエネルギー密度の大きさが、重要なのです。エネルギースケールでは、約0・002eVです。ポテンシャルエネルギーもしくは、エネルギー密度で表すならば、約0・002eVの4乗、つまり約16eV^4の1兆分の1となります。もっと想像をたくましくした場合、必ずしも、現在ポテンシャルエネルギーの底に落ち着いていなくてもよいという考え方も可能となります。つまり、ポテンシャルエネルギーの底では、特別なエネルギースケールなどはなくて、エネルギー密度は確かにゼロとするのです。しかし、将来そこに落ち着けばよいと考えて、今はポテンシャルの途中をゆっくり転がり落ちていると解釈するのです。つまり、宇宙定数ではなく、動いているダークエネルギーというより広い概念を導入することになります。そして0・002eVの4乗は、ゼロに向かう過渡期のポテンシャルエネルギーの値と解釈します。そうすれば、現在の宇宙が偶然、このエネルギースケールをとっているだけで、新しいエネルギースケールを説明しなくてもよいという解釈となります。このスカラー場は、光子、ニュートリノ、バリオン物質、ダークマターとも違う、第5の成分という意味で「クインテッセンスモデル」とも呼ばれます。

そして、そのゆっくり動く度合いは、理論と観測から厳しい制限を受けます。ポテンシャルの式中にφの逆べき、1/φの項が現れる理論モデルの場合、宇宙膨張からくる摩擦力とポテンシャルを落ちていく力が釣り合ってゆっくり転がるモデルとなります。そのため、最も無理のない自然なモデルだと考えられました。これを「トラッカー場モデル」と呼びます。しかし、最新の観測より、トラッカー場モデルは、φが速く動きすぎるとして棄却されました。現在では、その真空に落ち着く直前（フリージング）か、別の真空から動き始める瞬間（ソーイング）かの、２つのモデルが観測から許されています。

これまで、スカラー場のモデルと書いてきましたが、理論的には何一つ確定していません。強いて候補を挙げるなら、前述の軽いＡＬＰ（正確な分類では、スピンの場ですが、鏡に映す変換により場の値の符号がマイナスになる擬スカラー場です）のような量子場かもしれません。しかし、その約０・００２eVというエネルギースケールをもつポテンシャルについては、第一原理から導かれるわけではなく、仮定するしか、現在は方法がありません。前述のＡＬＰでも、理論的にはそのエネルギースケールが必然ではありません。また、繰り返しますが、重力を修正したとしても、このエネルギースケールのエネルギー密度を第一原理から自然に導出するわけではないので、さらにエネルギースケール自体について仮定を追加する必要があるというのが現状です。

つまり、重力を修正しても解決されていないのです。

宇宙の未来

次に、最低限の仮定の下、このままダークエネルギーのエネルギー密度がほぼ定数だとして、この宇宙の未来がどうなっていくのかを見ていきます。現代物理学の知識で予想する、標準的な宇宙の運命は以下のようです。

まず、このまま加速膨張が続けば、基本的に銀河団に属していない銀河と銀河の間の距離は遠ざかり、宇宙は、どんどん空っぽになってしまいます。約40億年後、われわれの銀河とアンドロメダ銀河が合体します。形成される超巨大銀河には「ミルコメダ」という名前がすでに付けられています。約50億年後、太陽が死を迎えます。そのとき、地球は肥大した太陽に飲み込まれるという説と、地球の公転軌道が広がって飲み込まれないという2つの説が唱えられています。いずれにしても人類は、そのままでは生き延びることは不可能でしょう。

約１４００億年後、ミルコメダは、激しい加速膨張で独りぼっちの銀河となります。約１兆年後、われわれの銀河にある一番の長寿命の恒星である赤色矮星まで、すべての恒星が燃え尽きます。約１０００京年後、すべての銀河はブラックホールだらけになります。

約10^{34}年後、つまり、約１０００京年の１０００兆倍後、大統一理論の予言により、宇宙のすべての陽子が陽電子などに崩壊します。原子や分子などの普通の物質はなくなることになります。そして、約10^{83}年後、つまり約１０００京年の１０００京倍の１０００京倍の１０００京倍の１０００万倍後、それぞれの銀河の中心にある超巨大ブラックホールが蒸発します。それ以後、天体と呼ぶことのできる物体は、宇宙から消え去るでしょう。

さらに仮定することを増やすと、ダークエネルギーが時間とともにより多くなるエキゾチックなモデルで、ビッグリップと呼ばれるより激しい加速膨張によって未来にすべての天体が引き裂かれることを提案した研究者もいます。このシナリオはとても刺激的ですが、その理論を示唆する観測・実験結果は今のところ得られていません。

残された大問題

これまで、真空のエネルギースケール約０・００２eVを説明する物理法則を探ることが、ダークエネルギー問題の科学的な解決であることを説明してきました。つまり、現在の宇宙は、なぜ放射（約０・０１％）、見える物質（約５％）、ダークマター（約25％）、ダークエネルギー（約70％）と、すべての成分が数桁の範囲でだいたい同じ程度のエネルギー密度なのか？　そして、ダークエネルギーの量は、定数だというのに、なぜ、理論物理の知られているあらゆるスケールと比べてこんなに小さいのか？　という問題でした。その小ささには、大変なチューニングが必要で、その値がもし約1000倍でも大きい宇宙だったら、宇宙はもっと早くに速く膨張してしまい、銀河はできないし地球は生まれないことからも、極めて深刻であることがわかります。

実は、物理学ではなく、哲学的にこの問題を解く試みがあります。それが、フランスの哲学者ルネ・デカルト博士が提唱した「我思う、故に我あり」という考え方を人間原理に適用したものです。それを、宇宙論の文脈で言い換えると、「宇宙の法則がこうなっているからこそ、この問いを発する人間が（必然として）生まれてきたという原理」などとなります。「必然として」を入れると、強い人間原理と呼ばれます。われわれは、ダークエネルギー（宇宙定数）が小さい宇宙に住んでいます。実際、観測される約1meVのスケールから、自然なスケールである1TeVまでが約15桁、その4乗の約60桁も小さいのです。この60桁というずれの程度は、理論的に説明するためには、ゼロ点からのずれ具合がすさまじく小さい数を仮定してチューニングしなければならないことを意味します。

その異常さを、標準理論を例にとって見てみます。標準理論にも、さまざまな質量が現れます。しかし、例えば、ヒッグス粒子の質量のスケール（約100GeV）から、一番軽い素粒子である電子の質量のスケール（約500KeV）までの、そのずれ方は大きく見積もっても6桁くらいに収まっているのです。多くの素粒子物理学者は、この6桁くらいのずれ方はなんらかの理由により説明できると考えています。そのため、この6桁のずれ程度ならば、普段、標準理論のほころびだとはそれほど思っていないように思います。筆者が発表した理論モデルの1つに、ニュートリノ質量（単位meV）の4乗がダークエネルギーのエネルギー密度になるかもしれない、というものがあります。しかし正直に申し上げて、この場合でもスケールを手で置いているという範疇を出ないものです。将来の観測で筆者のモデルが正しいと証明されるか、それとも棄却されるか、個人的には楽しみにしています。ぜひ、若い方々も、この問題に科学で真っ向からトライしてみてください。

宇宙は唯一ではないとするマルチバースの考え方を採用するならば、われわれの宇宙は、唯一の宇宙ではなく、それこそ天文学的な大きな数字の数だけ生まれた宇宙の中のただの1つにすぎないのかもしれません。そして、それぞれの宇宙は、物理法則が違っている可能性すらありません。宇宙定数が約60桁小さい宇宙も、確率的には有り得ないほど低くても、天文学的数字のマルチバースの中では、偶然に、たった1つでも誕生する可能性があるかもしれません。そして、その宇宙は人間が生まれる条件が整っているのです。その場合、人間が生まれる条件に合った宇宙だけに、人間が生まれただけにすぎないのかもしれないのです。そして、その人間が、自分たちの宇宙は「なぜ、こんなにも自分たちに都合がよくできているのか？（宇宙定数が小さくなっているのか？）」という疑問を発しているという解決方法なのです。

このように、「宇宙定数問題」または「ダークエネルギー問題」を人間原理で解決する場合、驚くことに人間の存在が、その宇宙全体の性質を決めてしまっていることになってしまいます。つまり、人間が住む宇宙のみ人間に観測され得ると言っているのです。

人類は、古来より信じられてきた天動説を捨て、精密な観測データの蓄積により得られたコペルニクス原理を採用し、地動説を信じるようになってきました。さらに、宇宙は一様で等方だとする宇宙原理を信じて、われわれの銀河や太陽系が特別な場所ではないと受け入れてきたのです。現代の人類が、より観測技術が進んだことにより、われわれの住んでいる宇宙は例外的な宇宙だったと受け入れなければならない状況になってきているのは、大変皮肉なことです。

説明なしの原理の導入は、その背後に隠れているかもしれない未発見の物理法則の探究を止めてしまう可能性があるのですが、現在、エキゾチックな宇宙モデルを仮定する以外には、人間原理による解決方法しかあり得ないようにも思えます。しかし、科学的な問題に人間原理を適用することは、最終手段として取っておくべきものだと思われます。

つまり、これまで解決不可能とされてきた問題に対して、新しい物理学の法則を見つけることこそ、科学による勝利なのです。繰り返しますが、ダークエネルギー問題は、今のところ人間原理の適用以外に解く方法がないように見え、人間原理を適用する最初の例になるかもしれないという大変に面白い問題と言えるでしょう。人類は、宇宙誕生の秘密に迫る、最も根本的な科学の問題に直面しているのかもしれませんね。

第 9 章
宇宙の進化の起源

ビッグバン後の宇宙

素粒子の説明から始まり、前章まで、元素や質量の起源、力の起源、そして現在の宇宙の構造の起源について話してきました。この章では、ビッグバンで始まった宇宙がその後どのように進化したのか、宇宙の進化の起源について説明します。

第4章では、「真空にはヒッグス粒子がたくさん詰まっていて、粒子が運動するとき、ヒッグス粒子に何度もぶつかって進みにくくなっている状況が質量である」とありました。ヒッグス粒子との相互作用が、質量を生み出しているという考え方です。では、宇宙の始まりには、ヒッグス粒子と、さらに、いろいろな素粒子は、すでに存在していたのでしょうか？　この問いかけに答える前に、「対称性」という考えを、もう一度おさらいしましょう。

対称性は、これまでの章で何度も出てきました。自然には、さまざまな対称性があります。身近な例が時間対称性や並進対称性や回転対称性でしょう。ある物体の運動をいつ、どこで、どの角度から見ても、その物体を支配する物理法則は変わらないというものです。「質量」も対称性と関係しています。素粒子たちが質量を得たことが、宇宙に複雑な構造が現れるきっかけでした。質量の出現が、宇宙の進化の起源なのです。

質量の起源・自発的対称性の破れ

聖書の最初の創世記には、神は最初に光をつくった、とあります。宇宙の始まりに思いをはせるとき、やはり、何もないところからポンと現れると考えるのが自然でしょう。そこから、多種多様な粒子が出てきて、現在のわれわれの宇宙を構成したと考えます。生物も、最初は単細胞から始まって、何億年もかけて進化してきました。宇宙の始まりも同様に、１つのものから、いろいろな種類の粒子へ進化していったと考えることができます。

粒子の種類を区別するのに、「質量」が理論のパラメータとなります。つまり、宇宙の始まりを理論的に説明するためには、最初の「何か」から、質量に応じて分岐していったという構成を考えなければなりません。物理学の研究の第一歩は、対象の単純化にあります。複雑に絡み合った現象を解きほぐして、その本質から考える、という手法で進んできました。物事を単純化します。

単純化の具体的な考え方の１つが、対称性です。対称度の最も高い図形として、中心から等距離にある点が連なった円があります。円は、中心点の周りに何度回転させても、回転に気が付きません。ところが正方形ならば、中心の周りにちょっとでも回転させると、その回転に気が付きます。

第2章や第5章でお話ししてきたように、質量がない世界は、ゲージ対称性をもっていました。その対称性をもとに構築した量子電磁力学は、予測能力が高い理論でした。しかし、現実には、多くの素粒子は質量をもっています。質量がなければ、理論は非常に美しい簡単な方程式で記述されます。質量がない宇宙では、何もかもが光速度で運動し、電磁気力、弱い力、強い力が統一されていました。この状態を表そうと試みる理論が、第5章で紹介した「大統一理論」です。しかし、まだ完成していません。

宇宙に構造をもたらす質量を生み出すメカニズムが「自発的対称性の破れ」と呼ばれるものです。バレリーナが両足をそろえて、つま先で針のようにピンと立っている姿は、美しいと感じます。これは相当な訓練のたまもので、普通の人がつま先で立つことはできません。両足を広げて、かかとを付けて立った方が、安定します。お相撲さんのように、重心を低く腰を落として両足を広げれば、さらに安定するでしょう。粒子の質量も同じことが起こっていると考えます。両足をそろえてつま先で立っているときは、周囲から見ると棒のように1本に見えて、対称です。かかとを付けて両足を広げた途端、正面から見た場合と横から見た場合で違って見えて、対称ではなくなります。

自発的対称性の破れとは、より安定した状態へ自発的に移った結果、対称性が保てなくなったことを言います。宇宙の始まりには、つま先立ちが安定でしたが、宇宙の広がりとともにエネルギーが広がって薄く低いエネルギーへ転移していくと、両足を広げた状態の方が、より安定となります。この役割を担うのが、何度も出てきたヒッグス粒子です。ヒッグス粒子を提唱したヒッグス博士は、宇宙の始まりについて大胆な仮説を提唱しました。高温・高圧の宇宙の始まりから宇宙の広がりとともに低温・低圧になっていき、突然、「真空の相転移」が起こり、より安定な真空へと転移したというものです。

第2章で、W粒子とZ粒子に質量を与えるためにヒッグス博士は4つのヒッグス粒子を用意したと説明しました。クォークは「アップクォークとダウンクォーク」、レプトンは「電子ニュートリノと電子」というように、2つずつ組になっています。それらに働く弱い力を伝えるW粒子とZ粒子に質量を与えたいので、やはり対になった2つの複素ヒッグス場が必要だったのです。1つの複素場は実数場と虚数場の2つの場をもち、それぞれの場が粒子になるので、全部で4つのヒッグス粒子を導入したことになります。そして、そのうちの3つのヒッグス粒子がもともとは質量がゼロであった正電荷のW粒子と負電荷のW粒子、Z粒子の縦波成分に取り込まれ、3つの質量をもつ正電荷のW粒子と負電荷のW粒子、Z粒子が生まれました。残った1つの成分が欧州合同原子核研究機構（CERN）の大型ハドロン衝突型加速器（LHC）の実験で確認されたヒッグス粒子になりました。

標準理論が想定する対になる2つの複素ヒッグス場のエネルギーポテンシャルを図で表すと、

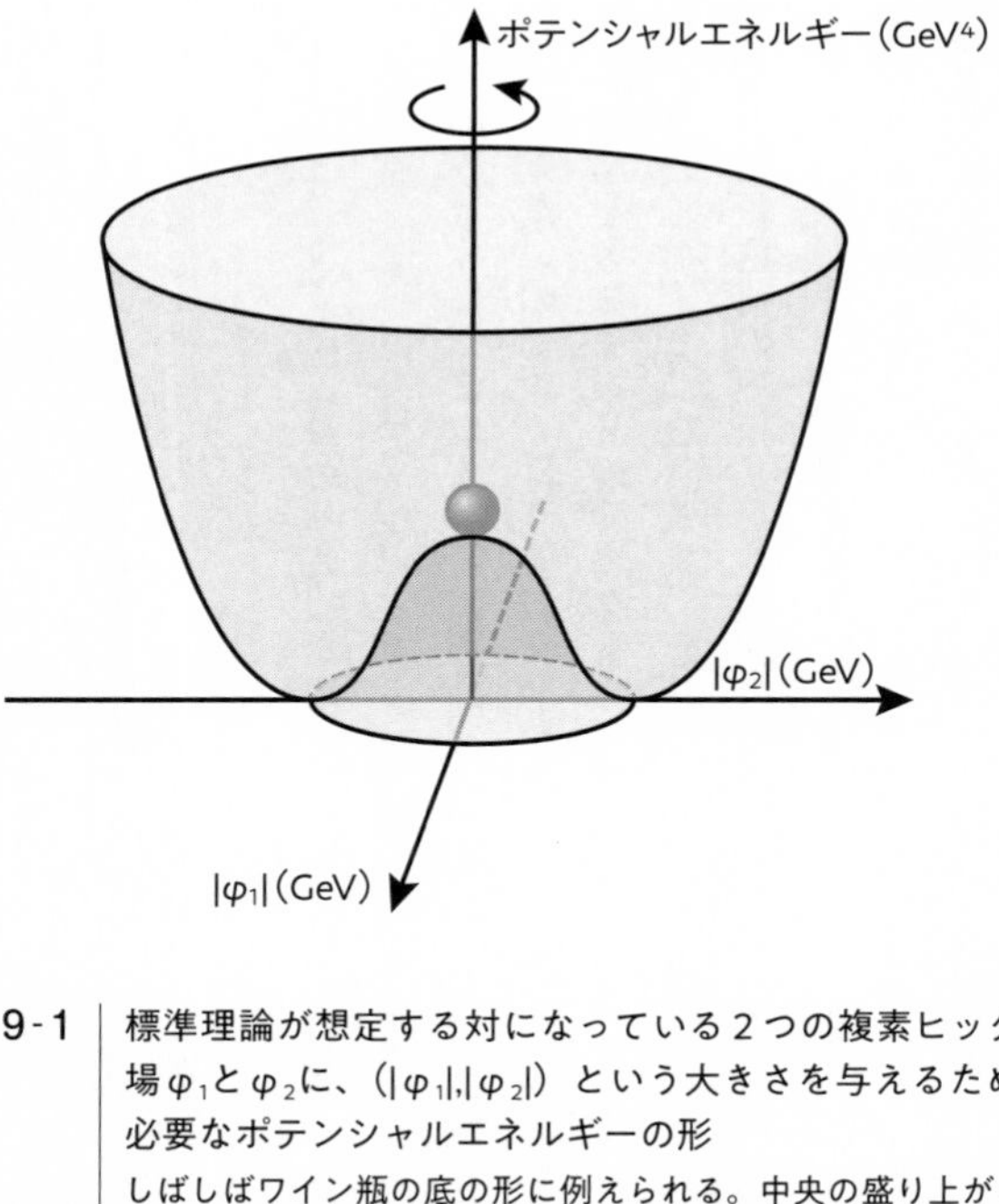

図 9-1　標準理論が想定する対になっている2つの複素ヒッグス場φ_1とφ_2に、($|\varphi_1|$,$|\varphi_2|$)という大きさを与えるために必要なポテンシャルエネルギーの形

しばしばワイン瓶の底の形に例えられる。中央の盛り上がったところはエネルギーが高く、しかも不安定なので、エネルギーの低い円環状になった底に落ち、そこが「真空」になる。どこに落ちるかは決まっていないため、真空には回転対称性がない。対称性が破れたことで、素粒子に質量が発生したと解釈される

図９－１のようになります。この図は位置（x, y, z）における時刻tのヒッグス場$\varphi_1(x, y, z, t)$と$\varphi_2(x, y, z, t)$に（$|\varphi_1|, |\varphi_2|$）という大きさのエネルギー（単位はそれぞれGeV）をもたせるために必要なポテンシャルエネルギー（単位はGeV^4）を表したものです。

図９－１は、縦軸が、複素ヒッグス場φ_1とφ_2に場の値（$|\varphi_1|, |\varphi_2|$）を与えるために必要なエネルギーの大きさを表しています。例えばこの図で、ボールを中心の山の上に置くとイメージしてください。ボールは、低いエネルギーになろうとして坂を転がって、円環状の底にある谷間に落ちて、そこで安定するでしょう。つまり、中心付近よりも、少し横にずれた円環状の底の谷間の方がエネルギー的に低く安定していることを表しています。宇宙の始まりは何もない原点付近にありましたが、より安定な点へ転移した結果、対称性が破れて、質量が発生したと解釈されます。

この図の中で、安定点である円環状の谷間の構造をつくるのが、理論的には、ヒッグス粒子の自己相互作用の効果になります。光子は、電荷をもつ粒子の間で媒介されて電磁気力を及ぼしますが、光子自体には電荷がないので、自分自身に電磁気力が及ぶことはありません。しかし、ヒッグス粒子は、自身の質量を獲得するために、ヒッグス粒子自身にも働きます。この自分自身に働くという性質が、円環状の谷間をつくります。

ヒッグス粒子のこの自己相互作用を実験的に確認できれば、ヒッグス博士たちが提唱する「真空の相転移」を実証できたということになり、質量の起源を説明できたと言えます。宇宙に構造をもたらした進化の起源とは、真空の相転移だったのです。次節では、実験的にどうやってヒッグス粒子を発見したのか、さらに、将来どうやってヒッグス粒子の自己相互作用を見つけるのか、概観していきましょう。

巨大加速器実験・LHC実験

スイス・ジュネーブ郊外には、大型ハドロン衝突型加速器（LHC）があります（図9－2）。その全周は27㎞です。東京・山手線の1周が34・5㎞ですので、LHCの大きさを想像いただけると思います。加速器は、地下100mに設置されていて、いくつもの町の地下をトンネルが通り抜けています。宇宙の始まりを検証する加速器ですから、どうしても巨大になってしまいます。

加速器建設は、世界各国からの協力を得て実現しました。加速器は、右回り・左回りにそれぞれ陽子を加速させ、加速器円周上の4つの地点で衝突させます。4つの衝突点には、観測装置を設置し、衝突で発生した粒子（つまり、ミニビッグバン！）を測定しています。衝突点の1つで行われているATLAS実験には、日本の大学・研究機関から約100名、全世界から約4000名の研究者が参加しています。

陽子と陽子を正面衝突させたときのエネルギーは、14TeVのエネルギーに相当します。これ

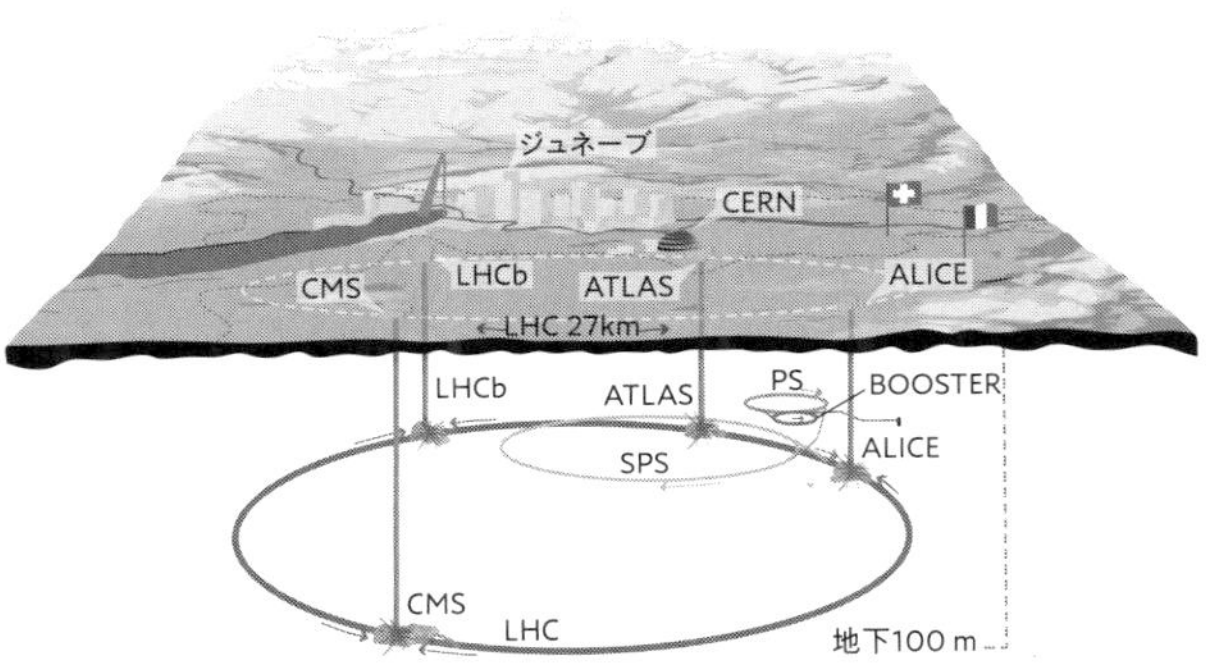

図 9-2　欧州合同原子核研究機構（CERN）大型ハドロン衝突型加速器（LHC）の模式図
LHCは、スイスとフランスの国境をまたいで建設された地下100m・周長27kmのトンネル内に加速器が並べられている。4つの測定器（ATLAS、CMS、LHCb、ALICE）が設置されており、陽子・陽子衝突実験を行っている　©CERN/ATLAS

は、1ボルトで加速された電子1個のエネルギーを1電子ボルト（eV）という単位で表し、T（テラ）とは1兆倍のことなので、14兆eVです。直感的にわかりにくいのですが、1・5ボルトの乾電池を直列に10兆個並べて加速した電子1個のエネルギーに相当します。地球をぐるりと1周分並べてもまだ足りない長さです。

この大きさのエネルギーは、宇宙開闢から100億分の1秒後のときのエネルギーに相当します。ビッグバンが始まって、元素合成の開始が約100秒後なので、LHC実験は、ずいぶんと宇宙の始まりに近づきます。ここまでエネルギーが高いと、普段はさざ波

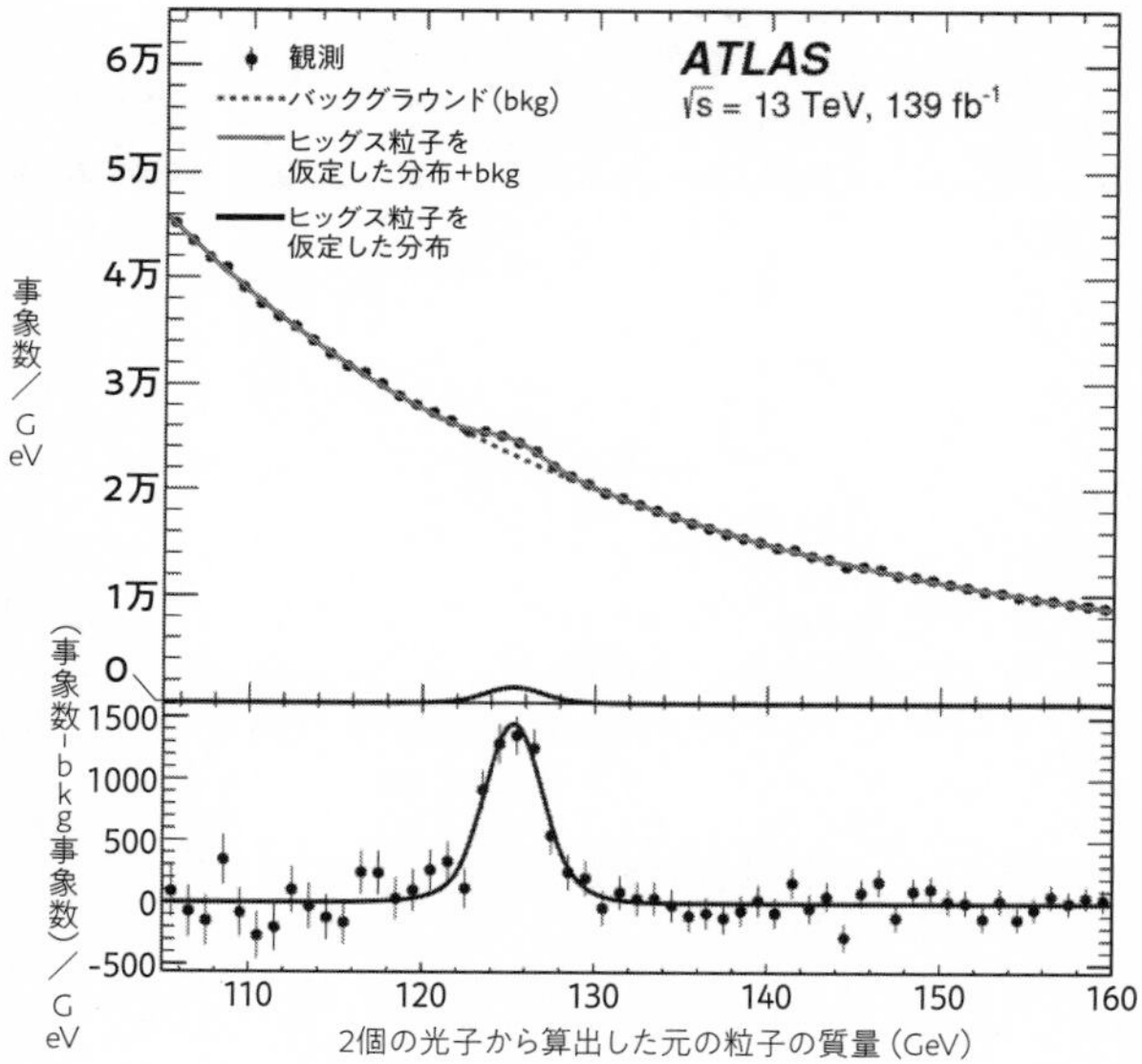

図 9-3　ヒッグス粒子がつくられて２個の光子へと変化する現象の実験結果

横軸は測定器が観測した２個の光子の情報から算出した元の粒子の質量。縦軸は観測された事象数。黒点がデータ点で、滑らかな分布（点線：バックグラウンド）の上に125GeV付近の盛り上がっている部分（実線）が、ヒッグス粒子が生成された信号であると考えられている

The ATLAS Collaboration., *Journal of High Energy Physics*, Article number：27(2022)より　

のように粒子たちにブレーキ役の働きをして質量を与えるヒッグス場に高いエネルギーでアクセスできるので、粒子としての性質を見せます。2012年に発見されたヒッグス粒子の質量は、約125GeVでした。その後、データを蓄積して、さらにヒッグス粒子を集めた実験データを図9-3に示します。

図9-3は、ヒッグス粒子が2つの光子へと変化する現象の実験結果を示しています。ちょうどヒッグス粒子の静止している質量付近を狙ってエネルギーを集中させてやれば、そこに大きなピークをつくります。ヒッグス粒子は非常に不安定なので、即座に2つの光子に変化します。実際に信号として検出されるのはこの光子で、2つの光子の測定情報から、ヒッグス粒子の質量を推定します。このようにして、2012年に世界で初めてヒッグス粒子が観測されました。科学界に与えた衝撃は大きく、その翌年にヒッグス粒子の提唱者であるヒッグス博士たちがノーベル物理学賞を受賞しました。科学の功績がこれほど短期で認められるのは異例のことです。

追記しておくと、このノーベル賞の受賞理由には「最近の、CERNの大型ハドロン衝突型加速器でのATLAS実験およびCMS実験による予測された基本粒子の発見を通じて確認された機構の理論的発見に対して」と、実験的な発見にも言及していることに、ご注目ください。ノーベル賞の受賞理由に実験グループ名への言及があったのは初めてのことです。とても大掛かりな実験なので、研究者のみならず、世界各国の産業や政府からの支援なくして、この発見はありま

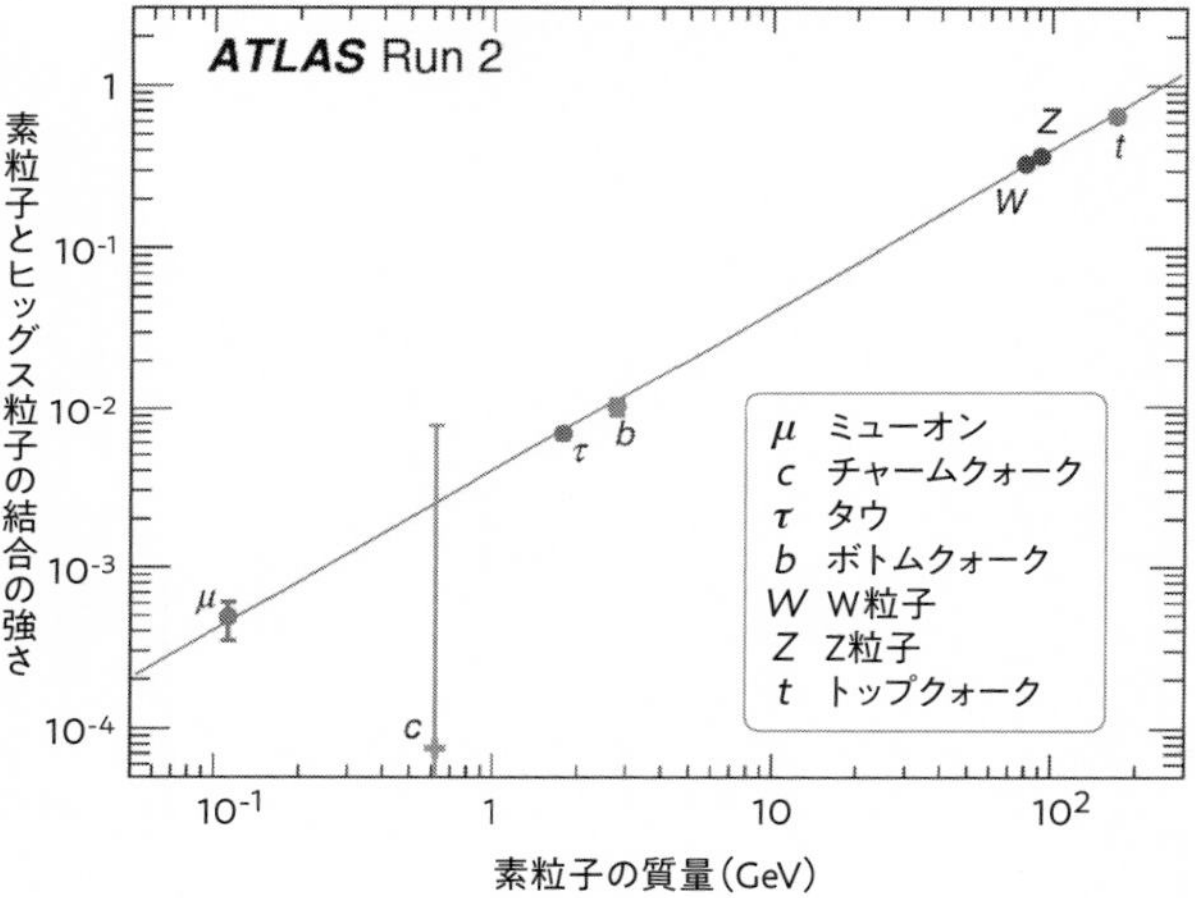

図 9-4　各種素粒子の質量とそれらとヒッグス粒子との反応の大きさの関係を示した測定結果
各種素粒子の質量とヒッグス粒子との反応の強さは、ほぼ一直線上に乗っている
The ATLAS Collaboration., *Nature*, 607, 52-59(2022).Fig5より
©CERN/ATLAS

せんでした。人類が100年かけて築き上げた総決算です。しかし、ヒッグス粒子の発見は確定したものの、まだ、宇宙の起源となる安定点を生み出す谷間の構造については、何もわかっていません。これは、ヒッグス粒子の自己相互作用の発見によって、初めて明らかにされるものです。

さらに、ヒッグス粒子の面白い性質も明らかになってきました。

図9－4に示しているのは、横軸を素粒子の質量として、縦軸にヒッグス粒子との結合の強

さを示したものです。図から、結合の強さと質量の関係は直線的であることがわかります。この結果が、ヒッグス粒子がさまざまな素粒子の質量を生み出す起源であることを示しています。理論的には、ヒッグス粒子は、別に1種類である必要はありませんでした。それぞれの粒子に対応したヒッグス粒子がいてもよかったのですが、直線関係にあるということは、たった1種類だけで素粒子に質量を与えていると考えてよいことを示しています。一番右端にある粒子は、トップクォークという標準理論の中で最も質量が大きい素粒子です。

ここで復習しておくと、現在われわれが考えている宇宙の進化の起源とは、ビッグバンの直後にエネルギーの広がりとともに何らかの理由によってヒッグス場で満たされた真空が相転移を起こし、真空の安定点がずれて対称性が破れた結果、光子とグルーオン以外のすべての素粒子がこのヒッグス場の安定点へ落ち込んだことにより質量を獲得した、というものです。これを検証するために、ＬＨＣが建設され、見事２０１２年にヒッグス粒子の観測に成功し、翌年ノーベル賞を受賞しました。その後、さまざまな実験の結果、どうやらヒッグス粒子は1種類だけで十分なようである、というところまで突き止めました。

残ったのは、真空の谷間のワイン瓶の底に例えられる構造（図９－１）を生み出す、ヒッグス粒子の自己相互作用の発見です。この自己相互作用の観測は、非常に難しく、現在のＬＨＣ実験では発見が難しいことが予測されています。そのために、ＬＨＣ実験の後継実験、高輝度（ハイルミノシティー）ＬＨＣ（ＨＬ－ＬＨＣ）実験が計画され、２０２９年に実験開始を予定しています。これまでの10倍以上の実験データの取得を目指し、観測装置も現在の最先端のテクノロジーを駆使した改良版を使用します。ＨＬ－ＬＨＣ実験では、ヒッグス粒子の自己相互作用が発見されることが期待されています。

ヒッグス・ファクトリー「ＩＬＣ計画」

実は、本当にヒッグス粒子がたった1種類しか存在しないのか、それとも数種類のヒッグス粒子が存在するのか、完全に見分けることは、ＨＬ－ＬＨＣ実験でも難しいかもしれません。そこで、ヒッグス粒子の研究に特化した新たな加速器の建設が提案されており、世界的な合意の下に、日本に建設される可能性があります。

まだ計画段階のプロジェクトですが、直線型加速器で電子と陽電子を衝突させる実験となります。直線で衝突されるためエネルギーの増強が容易なこと、電子と陽電子を衝突させるため、厳密に衝突エネルギーが制御できることが、特色となります。ＬＨＣ実験では、陽子同士を衝突させていましたが、陽子は３つのクォークで構成されるため、実際に陽子の中のどのクォークがどれほどのエネルギーで衝突したのか、実験的には制御できませんでした。そのため、網羅的に衝突エネルギーを走査して、ヒッグス粒子の発見にこぎ着けました。ヒッグス粒子がどのような質

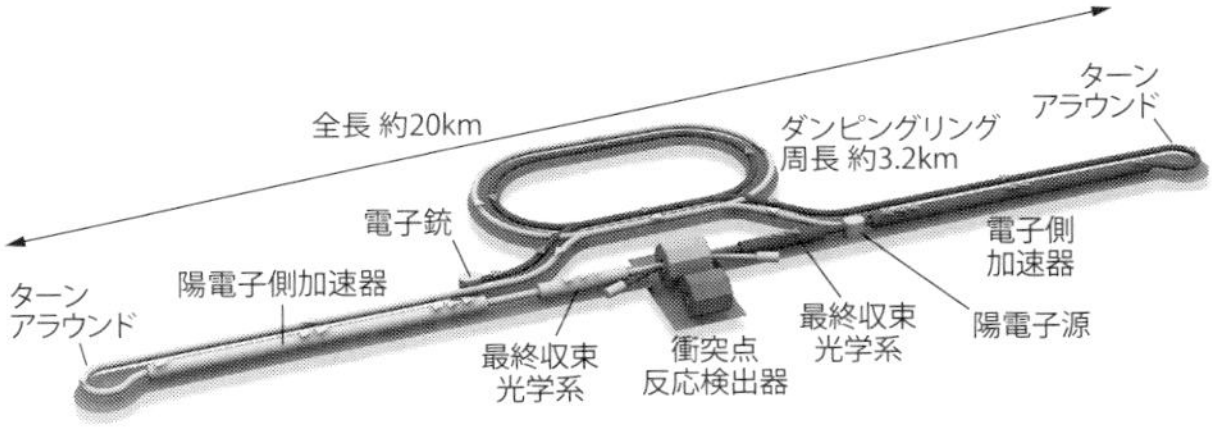

図 9-5　国際リニアコライダー（ILC）の構成模式図
ILCは、地下100mにつくった全長約20kmの直線型のトンネルに加速器を並べ、電子・陽電子衝突実験を行う
©Rey. Hori

量であるかわからないときは有用な手法ですが、ヒッグス粒子の質量がわかっているときは、その衝突エネルギーにピンポイントで照準を合わせるのが、より効率的となります。電子・陽電子衝突型線形加速器は、まさにその用途に最適です。この計画は、国際リニアコライダー（ＩＬＣ）計画と呼ばれています（図９－５）。

巨大加速器が実際に建設された際の社会に対する還元も記します。加速器は、素粒子の実験だけでなく、さまざまな分野で使用されています。例えば、がん細胞を手術で切除することなくピンポイントで撃退する放射線治療が行われていますが、これも加速器技術の応用です。検査のためのレントゲンや、物質の内部構造を探る非破壊検査などでも、加速器の活躍が期待されています。世界中の研究者が、同じ加速器施設に集まるので、研究から派生した新しいイノベーションの出現も見込まれます。

科学はついに、宇宙の進化の起源にまで迫ることができました。しかし、宇宙の進化の起源への探究は、これにとどまりません。前述したように、ヒッグス粒子は本当にたった1種類しかないのか、という問題は、非常に重要です。もし、たった1種類しか存在しなければ、すべての力の相互作用が宇宙の始まりの1点で統一されるためには、計算ではあり得ない精度で物理パラメータが一致しないといけないことがわかっています。まるで、神様がそのように計画したかのように。

一方で、生物は、不確定要素も織り込みながら、あいまいにブレを許容しつつ進化してきました。この経験則を当てはめるならば、ヒッグス粒子の種類が複数あった方が、より自然に力を統一できます。これは、現在の素粒子標準理論の一段高いクラスの超対称性理論によって実現されます。現在、世界中の素粒子研究者が、この超対称性の兆候をつかもうと研究しています。

この章の冒頭で述べたように、神様が計画して最初に光を創造したのか、それとも、世界（宇宙）は階層的になっているのか、まだはっきりとはわかっていません。さらに研究や実験を突き詰めていけば、宇宙の進化の起源への理解がより深まるでしょう。

第10章
宇宙は安定か？

そもそも「宇宙は安定か?」とは、どういう意味か

ここまで、本書のテーマ「宇宙と物質の起源」の解明に沿って宇宙誕生から何が起きてきたのか、過去に起きたことが現在どこまでわかってきたのかを、お話ししてきました。では、宇宙の今後はどうなのでしょう? このまま、いつまでも続くのでしょうか? 実は、これまでのお話で紹介したヒッグス粒子とトップクォークの質量との関係が、宇宙の安定性に大きく関わっていることがわかってきました。

第10章では、この宇宙の安定性についてお話しします。しかし、そもそも「宇宙は安定か?」という質問自体が意味不明と思われるかもしれませんね。宇宙は加速膨張していることが、観測でわかっています。その意味で、宇宙は定常ではありません。一方、少なくとも太陽系の誕生以降、宇宙の様子が突然、太陽系の存在自体を一瞬で無に帰するほど質的に激変したことはありません。その意味では、宇宙は一見、安定しているように見えます。

この章で取り上げるのは、「本当に宇宙の様子は、この先もずっと、少しずつは変わるにしても、突然、激変することはないのか?」という疑問です。ここで「宇宙の様子」と漠然と呼んでいるのは、実は「真空」の性質のことです。ですので、この章のタイトルは「真空は安定か?」と言い換えることもできます。ただこう言い換えたところで、「真空って空っぽの空間のことで

しょ？　空っぽの空間の性質が激変するってどういうこと？」と新たな疑問が湧いてきて、ますます訳がわからなくなってしまいますよね。そこで、素粒子物理学における「真空」とは何かを、まずお話ししましょう。

真空とは？　場の量子論的世界の見方

素粒子物理学では、その数学的枠組みとして相対性理論と量子力学を合体させた「相対論的場の量子論」を用います。以下、相対論的場の量子論を「場の量子論」と省略して呼びます。この節では、場の量子論的な世界の見方を紹介し、その中で素粒子物理学における真空とは何を意味するのかを、お話しします。

アインシュタイン博士の一般相対性理論は、空間（より正確には時間も一緒にした時空）が伸びたり縮んだり曲がったりする変形可能な「もの」であり、その結果として、そのゆがみが空間を伝わっていく重力波が存在するはずだと予言しました。その予言は２０１６年、実に１世紀の時を経てＬＩＧＯ実験により直接観測で検証されました（翌年のノーベル物理学賞）。時空は空っぽの入れ物ではないのです。

素粒子物理学では、時空の各点には、さまざまな素粒子をつくったり消したりする能力が備わっていると考えます。これは、時空が単に変形できるだけでなく、それ以外にも驚くべき能力を備えた「もの」であることを意味します。そして、特にこの素粒子をつくったり消したりする時空の能力に注目した場合の時空を「量子場」と呼びます。例えば、電子には電子の量子場（電子場）、光子には光子の量子場（電磁場）というように、素粒子ごとに量子場があると考えます。以下、「何々の量子場」という代わりにしばしば「何々の場」と省略して呼ぶことにします。この章では、「場」といったら「量子場」のことだと思ってください。

ちょっと脱線になりますが、これだとたくさんの種類の場が必要になって、ご都合主義的で美しくありません。なので、多くの素粒子物理学者が、すべての素粒子を時空自体も含めて同じ「もの」（統一場）の別の励起状態（後述します）とみなせるような理論（究極の統一理論）の完成を夢見ています。

素粒子の場の話に戻ります。素粒子の場をイメージするには、（今ではあまり見かけませんが）時空にびっしりと小さな電球を並べた電光掲示板を思い浮かべるとよいかもしれません。ある場所の電球が点灯する「こと」が、その場所に素粒子が存在することを意味します。点灯（励起）の仕方には素粒子1つに対応する単位があるので、それぞれの素粒子は対応する「場の量子」と呼ばれます。また、素粒子の運動は、ある場所で点灯していた電球が消えて隣の電球が点灯する「こと」を繰り返すことで、点灯している電球の位置が動いていくことに対応します。点灯した電球の場所の移動速度は、アインシュタイン博士の相対性理論の要請に従って光の速度を超えられません。場の励起状態に対応する素粒子の質量がゼロなら移動速度は光速です。

また量子力学では位置と運動量を同時に正確には決められないという制約（不確定性原理）があるので、素粒子の移動を考える場合のイメージは、あくまで古典物理学的なものです。電球の点灯は、正確には点灯している確率振幅に置き換えて考える必要がありますが、深入りはやめておきます。また、サイズがある電球だと同じ場所に複数置けないじゃないかと突っ込まれそうですが、その点も目をつぶってください。

点灯している電球の位置の移動では、電光掲示板（量子場：時空に対応）こそが「もの」であり、素粒子自体は「もの」ではなく、「もの」である時空のある場所が点灯状態（励起状態）になる「こと」だというわけです。また、素粒子の場が複数ある場合、ある素粒子の場と別の素粒子の場は、一般にお互いに影響を及ぼし合います。これを「相互作用」と呼びます。ある素粒子の場に対応する電球と、同じ場所にある別の素粒子の場に対応する電球は、点灯させたり消したりする際、決まったルールに従ってお互いに相互作用します。こうして、ある素粒子が別の素粒子に変わったり、別の素粒子を生み出したりするわけです。

これが、場の量子論的な世界の見方です。相対論的場の量子論以前の世界観は、「もの」である素粒子が、空っぽの入れ物である時空の中を運動し相互作用する「こと」で、世界ができ上がっているというものでした。このように、世界の見方は、物理学の進歩とともに、何が「もの」

で、何が「こと」か、という極めて基本的なレベルにおいても変わってきたのです。

電光掲示板の例えを続けましょう。ある場所の電球を点灯させる（素粒子を生み出す）には、その場所に十分なエネルギーを与えてやる必要があります。つまり、電球が点灯している状態は、消えている状態に比べエネルギーが高い状態（励起状態）にあります。このことを踏まえ、素粒子物理学では、「真空」を量子場（時空：電光掲示板に対応）という「もの」のエネルギー最低の状態（＝場の量子が1つも励起されていない状態）と定義します。つまり「真空」とは、電球がすべて消えている時空の状態のことです。これは、素粒子が1つもない状態に対応しますから、普通の意味での真空の概念とも矛盾はありません。しかし、エネルギー最低の状態であっても時空という「もの」はそこに厳然として存在するので、真空といえども決して空っぽではないのです。

真空の相転移と宇宙の進化

驚くべきことに、誕生直後の宇宙は、この「もの」としての時空の真空状態（エネルギー最低状態）の激変を経験していたと考えられるのです。この激変のことを「真空の相転移」と呼びます。ビッグバン直後の超高温状態にあった宇宙が宇宙の膨張とともに冷えていく過程で、「もの」としての時空のエネルギー最低状態である「真空」が、水蒸気が水になったり水が氷になったりするように相転移を起こし、その結果、励起状態である素粒子の性質やそれらの間に働く（力を伝える素粒子により伝わる）力の性質が激変したようなのです。この「真空の相転移」に一番近い実験室で再現できる現象は、金属を冷やしていくとある温度を境に電気抵抗が突然なくなる、「常伝導状態」から「超伝導状態」への相転移であることがわかっています。つまり私たちはある意味で、超伝導体の中に住んでいるとも言えるのです。

初期宇宙では、このような「真空の相転移」が複数回起こったと考えられます。そして、真空の相転移のたびに、もともとは同じ強さだった根源的な力（「超大統一力」）がまずは「重力」と「大統一力」とに分かれ、次に大統一力が「強い力」と「電弱力」に分かれ、さらに電弱力が「電磁気力」と「弱い力」に分かれたことで強さの異なる4つの力が生まれたとすると、4つの力の起源がうまく説明できるのです（4つの力とその起源については第5章を参照）。宇宙は、このような「真空の相転移」を繰り返すことで、最も基本的なレベル（素粒子や力のレベル）で質的激変を伴う進化を繰り返し、現在の姿になったというわけです。

逆に、エネルギーを上げて（宇宙誕生の瞬間に向かって時間をさかのぼることに対応）宇宙初期の超高温状態の状況に近づければ、強さの違う4つの力が同じ強さの1つの力に統一されると期待できます。4つの力の起源とその統一に関するこの考え方は、いまだ仮説です。しかし、特に電弱力が電磁気力と弱い力に分かれる原因となった真空の相転移については、実験的な証拠があ

ります。そこで、この相転移については、特別に「電弱相転移」という名前が付けられていま
す。電弱相転移は、真空の安定性の問題と密接に関係しているので、次の節では電弱相転移と、その主役であるヒッグス場についてお話ししましょう。

ちなみに、ヒッグス場は、理論に課せられた（ゲージ対称性と呼ばれる）数学的要請を満たすため質量をもたせることができなかった素粒子標準理論の素粒子たちに、理論のゲージ対称性を損なうことなく、質量を（後から）与えるために導入されました。ヒッグス場の「場の量子」であるヒッグス粒子は、存在の予言から実に数十年を経て欧州合同原子核研究機構（ＣＥＲＮ）の大型ハドロン衝突型加速器（ＬＨＣ）の実験によって２０１２年に発見されました。翌年には、ヒッグス場による質量生成機構の中心的な提唱者であるヒッグス博士、アングレール博士がノーベル物理学賞を受賞しています。ヒッグス粒子の発見が、「電弱相転移」の実験的証拠になりました。ヒッグス場とヒッグス粒子の詳しい解説については、第2章と第5章もご覧ください。

電弱相転移とヒッグス場

さきほど、「真空」を、量子場（時空：電光掲示板に対応）という「もの」のエネルギー最低の状態と定義しました。この定義自体に修正は不要ですが、ヒッグス場という特別な素粒子場については、「真空」がすべての電球が消えている時空の状態に対応するという点に修正が必要に

なります。この修正は、「真空の相転移」とはどのような「こと」なのかと密接に関係していま す。引き続き電光掲示板の例えで説明しましょう。ちなみに、標準理論に含まれるその他の素粒子の場（クォーク場、レプトン場、ゲージ場。第2章を参照）については依然として「真空」は対応する電光掲示板の電球がすべて消えている時空の状態に対応しており、修正は不要です。

素粒子の標準理論は、ビッグバンの約100億分の1秒後、温度にしておよそ1000兆度まで宇宙が冷めたときに、突然、宇宙の至る所で「真空」がヒッグス場の電球が完全に消えている状態から一様にうっすらと点灯している状態へと激変したことを示しています。奇妙なことに、温度が1000兆度を下回ると、ヒッグス場に対応する電球が完全に消えている状態より、至る所で一様にうっすらと点灯している状態の方が、エネルギーが低くなるためです。相転移後の「真空」（エネルギー最低状態）は、ヒッグス場の電球が宇宙の至る所でうっすらと点灯した状態へと激変したのですが、相転移後の「真空」もエネルギー最低状態であることには変わりがないので、ヒッグス場の励起状態であるヒッグス粒子はどこにもいない状態に対応することに注意してください。時空のある場所にヒッグス粒子を生み出すためには、そこにエネルギーを注入し、電球をはっきりと点灯させる（ヒッグス場を励起する）必要があるのです。

このように温度にして約1000兆度を境にヒッグス場に対応する電光掲示板の「真空」（エネルギー最低状態）がすべて消えている状態から至る所でうっすらと一様に点灯している状態に

激変する「こと」が、「電弱相転移」といわれる「真空の相転移」です。「電弱」という形容で修飾されている理由をお話しする前に、ヒッグス場が真空を満たす（＝至る所でうっすらと一様に点灯する）と、他の場にどういう影響を及ぼすかを、お話ししなければなりません。

素粒子の場が複数ある場合、ある素粒子の場と別の素粒子の場は、相互作用により一般にお互いに影響を及ぼし合うことを思い出してください。ヒッグス場が充満した真空では、ある場所でヒッグス場と相互作用する他の素粒子に対応する量子場を励起しようとすると、そこにすでに存在するヒッグス場に邪魔されて点灯（励起）しにくくなります。そのため、ヒッグス場が充満する前の真空では光速で移動させることができた「点灯した電球の場所」（素粒子に対応）が、もはや光速では移動させられなくなります。これは、この電球の点灯に対応する素粒子が質量を獲得したことを意味します。ヒッグス場にどれくらい邪魔されるかは、ヒッグス場との相互作用の強さ（結合定数）に比例します。ですから、ヒッグス場と相互作用しない量子場の励起状態に対応する素粒子は、質量ゼロにとどまり光速で移動します。

このようにヒッグス場との相互作用により、もともと質量をもたなかった素粒子が質量を獲得する仕組みを「ヒッグス機構」と呼びます。最近では、この仕組みの中心的発案者全員の名前を並べて「ブラウト＝アングレール＝ヒッグス機構」と呼ぶことも多いようです。アングレール博士とヒッグス博士は２０１３年にノーベル賞を受賞しましたが、ロバート・ブラウト博士は残念ながら受賞の前に亡くなっていました。

ヒッグス機構により、もともと「電弱力」という1つの力を伝える力の媒介粒子（ゲージ粒子）である光子、W粒子、Z粒子のうち、光子だけが質量ゼロにとどまり、残りのW粒子、Z粒子は、それぞれ陽子の85倍、97倍の質量を獲得しました。力を伝える粒子の質量が重くなると力の到達距離が短くなるので、力の働く範囲が狭まり、見かけ上弱くなります。こうして「電弱力」は、光子が伝える「電磁気力」と、W粒子、Z粒子が伝える「弱い力」に分かれました。宇宙誕生のおよそ100億分の1秒後に起きた真空にヒッグス場が満ちたという特別なイベントは、この力の分岐の原因となった「真空の相転移」なので、「電弱相転移」と名付けられたわけです。

標準理論の適用限界

標準理論は、ヒッグス場の導入と、それによってもたらされる「電弱相転移」により、もともとは質量をもてなかった素粒子に後天的に質量を与えることに成功しました。しかし、「なぜヒッグス場が宇宙を満たしたのか？　言い換えると、なぜヒッグス場が充満した真空の方が、充満していない真空よりエネルギーが低くなったのか？　そして、電弱相転移が起きたのはなぜ宇宙誕生の約100億分の1秒後だったのか？」は、まったくの謎として残されています。この質問に答えるには、標準理論の枠組みを超える、より深い自然法則の理解が必要なのです。

一方、標準理論自身から導かれる理論の適用限界があることも知られています。これは、この章の主題である「真空の安定性」とも深く関わることなので、この問題に話を進めましょう。

前節で、標準理論の素粒子の質量が、真空に充満したヒッグス場との相互作用の強さ（結合定数）で決まることを、お話ししました。実は、ヒッグス場の励起状態であるヒッグス粒子の質量も、真空に充満したヒッグス場との相互作用（ヒッグス自己相互作用）の強さで決まります。一方、ヒッグス自己相互作用（ヒッグス自己結合ともいう）は、エネルギーとともに変化し、ヒッグス粒子の質量が重いほどより急速に強くなっていき、あるエネルギーに達すると強さが無限大になってしまうことが知られています。これは、そのエネルギーで標準理論が破綻することを意味しており、専門用語で「非摂動限界」と呼ばれています。つまり、そこから先は、新しいより根本的な理論が必要になるわけです。一方、ヒッグス粒子の質量の値が適当な範囲にあれば、宇宙誕生の瞬間のエネルギーに対応するプランク（質量）スケール（１０００京ＧｅＶ）まで標準理論が破綻せず成り立つ可能性が出てきます。発見されたヒッグス粒子の質量（約１２５ＧｅＶ）は、まさにその範囲にありました。

ヒッグス粒子の質量が１２５ＧｅＶと比較的軽い場合、標準理論の適用限界を決める別の要因が発生します。それはヒッグス自己結合定数、つまりヒッグス自己相互作用の強さが、実はトップクォークの質量によっても変わり、ヒッグス粒子の場合とは反対に、トップクォークの質量が重くなればなるほどヒッグス自己結合定数が小さくなることが知られているからです。ヒッグス自己結合定数が小さくなりすぎると、あるところでマイナスの値になってしまいます。これがどういう結果をもたらすかを理解するには、ヒッグス自己結合定数とヒッグス場のエネルギーの関係を知る必要があります。

グラフや数式を出すと難しく感じるかもしれませんが、我慢して読み進めてください。知りたいのは、電光掲示板の例えでは電球の明るさに相当するヒッグス場の強さを変えたときにヒッグス場のエネルギーがどう変わるかという関数関係と、その関数関係にヒッグス自己結合定数がどう関わっているかという、2つのことです。

ヒッグス場のエネルギーは、運動エネルギーとポテンシャルエネルギーとからなります。真空に対応するエネルギー最低状態では、ヒッグス場が運動していないので、ヒッグス場のエネルギーはポテンシャルエネルギーだけになります。標準理論のヒッグス場のポテンシャルエネルギー（V）の形をざっくりと式で書くと、

$$V(\phi)=\mu^2\phi^2+\lambda\phi^4$$

という形をしています。φ（ファイ）はヒッグス場の大きさ（電光掲示板の例えでは電球の明る

さ）で、μ（ミュー）とλ（ラムダ）は係数で、λがヒッグス自己結合定数に対応します。定数といいながら、μやλは、エネルギーの変化につれてゆっくり変化する関数です。第9章で説明したように、標準理論では、ヒッグス場としてϕ_1とϕ_2という対になる2つの複素数成分をもつ場を導入したのでした。ヒッグス場の大きさϕとは、ϕ_1とϕ_2からなる複素2次元平面上での原点からの距離 $\phi \equiv \sqrt{|\phi_1|^2+|\phi_2|^2}$ です。

多くのエネルギーを注ぎ込むほど電球は明るく点灯するので、μやλはϕの値の関数と言い換えてもよいです。

さて、μ^2とλが正の値なら、ポテンシャルエネルギーが最低になるのは、$\phi=0$の場所、つまり電球が消えている状態です。標準理論では、なぜそうなっているのか理由はわかりませんが、この世界は$\lambda>0$で$\mu^2<0$となっていると仮定します。そうするとポテンシャルエネルギーが最低になるϕの値が$\phi=v\equiv\sqrt{-\mu^2/2\lambda}>0$になり、ヒッグス場が点灯していた方が、エネルギーが低くなるわけです。繰り返しますが、標準理論では、「なぜヒッグス場が満ちた真空の方が、エネルギーが低くなったのか?」、つまり「なぜ$\mu^2<0$なのか?」にはまったく答えてくれません。この形を仮定するとうまくいくという、ある意味では、ご都合主義的な仮定です。

ちょっと脱線しました。ヒッグス自己結合定数：λとヒッグス場のポテンシャルエネルギー：$V(\phi)$の関係がわかったので、ヒッグス自己結合定数が負の値、つまり$\lambda<0$になったとき何

が起こるかという問題に戻りましょう。もうおわかりですね。こうなるとϕの値を大きくすれば大きくするほど$V(\phi)$が負の無限大へと底抜けでいくらでも小さくなれることになってしまうのです。真空のエネルギーが底抜けになるので、理論が破綻するというわけです。

「偽の真空」と「真の真空」

実際には、真空のエネルギーが負の無限大になる前に、それまでは目立たなかった力の媒介粒子（ゲージ粒子）のヒッグス自己結合への影響が大きくなって$\lambda>0$に戻ることが知られています。ですので、ヒッグス場のポテンシャルエネルギー$V(\phi)$は負の無限大にはなりませんが、非常に大きなϕの値のところにエネルギーが本当に最低である「真の真空」ができることになります。一方、標準理論で仮定してきたエネルギー最低の場所$\phi=v\equiv\sqrt{-\mu^2/2\lambda}$は、実はその周りよりはエネルギーが低いけれど、「真の真空」の場所でのV（ϕ）よりは高いエネルギーをもっていることになります。「真の真空」がどこにあるかは$V(\phi)$の形で決まり、それは、ヒッグス粒子の質量とトップクォークの質量で決まります。

ヒッグス粒子の質量を125GeVに固定した際に、$V(\phi)$がトップクォーク質量を変えるとどう変わるかを示したのが、図10-1です。図10-1の計算に採用しているヒッグス粒子の質量の実験値は$m_H=125.9\pm0.4$GeV、トップクォークの質量値は$m_t=171.393$GeV前後です。$\phi=0$

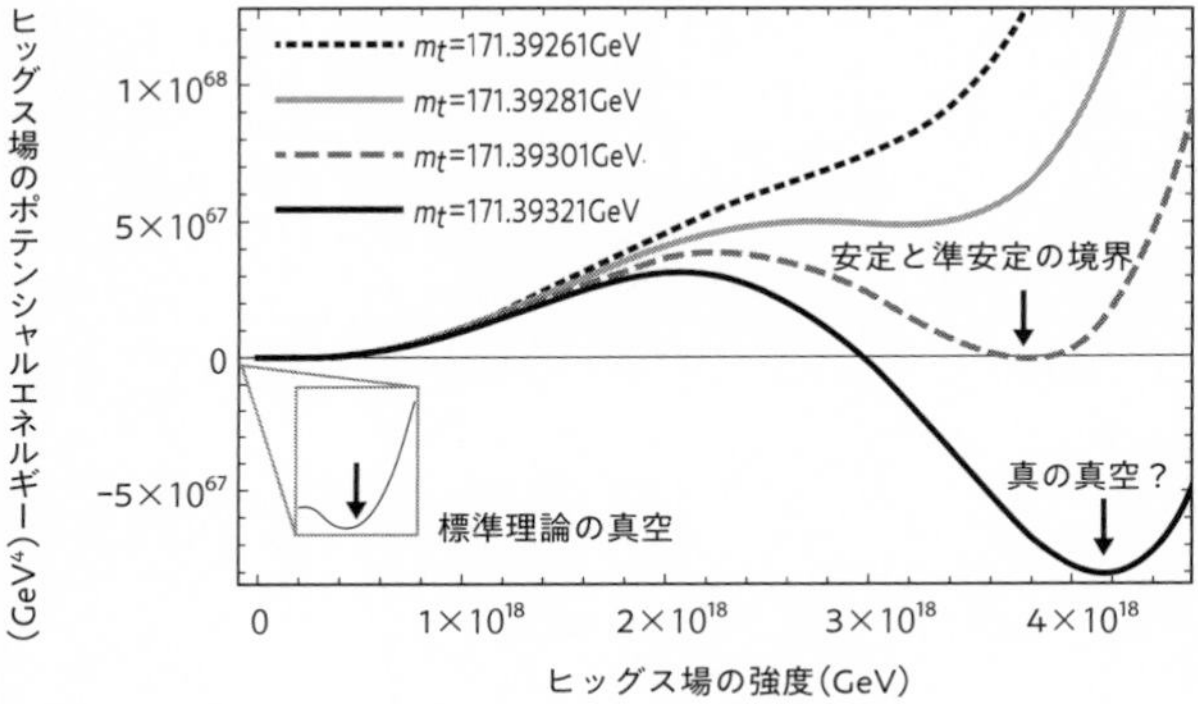

図 10-1　ヒッグス場のポテンシャルエネルギーの形と真空の安定性の関係

トップクォークの質量がほんの少し異なるだけで、ヒッグス場の強度が非常に大きくなったときのポテンシャルエネルギーの形が大きく変わる

Hamada Y., Kawai H., Oda K., Park S.C., *Physical Review D*, 91,053008 (2015) Fig2より

の近辺を拡大するとμ^2とλを定数とした標準理論のヒッグス場のポテンシャルになっており、この図の$\phi=0$の近くに「標準理論の真空」があります。

しかし、ϕの大きいところ（超高エネルギーに対応）の振る舞いはトップクォークの質量が少し変化しただけで大きく変わり、トップクォーク質量の「ある値」を境に、「標準理論の真空」とは別の場所に「真の真空」が生じます。すると「標準理論の真空」はエネルギー最低でなくなり「偽の真空」となってしまうわけです。こうなると、自然はよりエネルギーの低い状態を好むので、途中のポテンシャルの壁を突然トンネル効果ですり抜け、「真の真空」へと量子遷移してしまう、真空崩壊の可能性が生まれます。つまり標準理論の真空が不安定になってしまうわけです。

ただ、標準理論の真空が偽の真空であっても、途中のポテンシャルの壁が十分厚く高い場合には、この真空崩壊の確率は非常に小さく、真空の崩壊までの平均寿命が宇宙年齢より長くなるため、われわれの宇宙が私たちの知っている姿で存在しているという観測事実と矛盾しません。このような場合を「真空は準安定」と言います。これに対し、宇宙の平均寿命が宇宙年齢より短くなってしまう場合を「真空は不安定」、また標準理論の真空が真の真空である場合を「真空は安定」と言います。

標準理論の真空の安定性を決めるヒッグス粒子とトップクォーク

すでにお話ししたように、私たちが住んでいる標準理論の「真空」が本当にエネルギー最低の「真の真空」つまり「安定な真空」なのか、「偽の真空」ではあっても崩壊までの平均寿命が宇宙年齢を超える「準安定な真空」なのか、あるいは「偽の真空」であってしかも平均寿命が宇宙年齢を下回るいつ崩壊してもおかしくない「不安定な真空」なのかどうかは、トップクォークの質量とヒッグス粒子の質量で決まります。

その様子を図示したのが図10－2です。この論文の解析では、ヒッグス粒子の質量もトップク

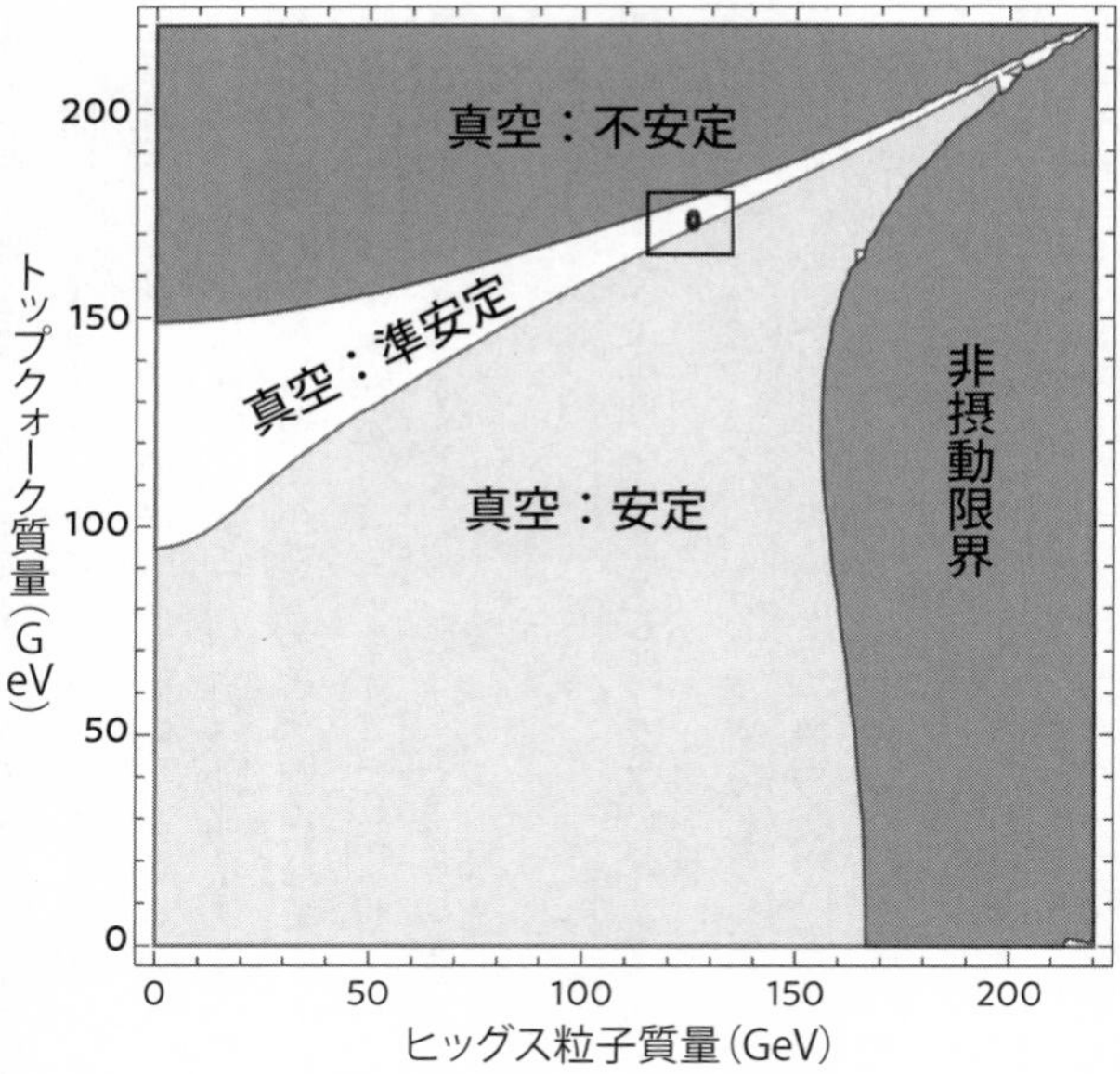

図 10-2 真空の安定性を表す領域図

現在のヒッグス粒子とトップクォークの質量の測定値（四角中央の小丸で囲われた領域）では、測定誤差を考えると、真空は安定と準安定の境界にあることと矛盾しない。トップクォークの質量をより正確に測ることが、この宇宙の運命を知る鍵であることがわかる

Degrassi G., Vita S.D., Elias-Miró J., Espinosa J.R., Giudice G.F., Isidori G., Strumia A., *Journal of High Energy Physics*, article id.98 (2012) Figure5 より

ォークの質量もLHC実験からの値が採用されていて、それぞれ $m_H = 125.5 \pm 0.7$GeVと $m_t = 173.1 \pm 0.7$GeVです。両方の値についている0・7GeVの誤差の意味は、いずれもそれぞれの真値が、中央値から上下0・7GeVの範囲（1σ領域）にある確率が68％、上下1・4GeVの範囲（2σ領域）にある確率が95％、上下2・1GeVの範囲（3σ領域）にある確率が99・7％であるということです（σ：シグマ）。図10－2の四角中央の小丸で囲われた領域の上下左右の端が、それぞれの3σ領域に対応しています。両方の真の値がこの丸で囲われた領域の中にある確率は61％です。

驚くべきことに、実験で測定されたヒッグス粒子とトップクォークの質量の中心値は、準安定な真空の領域、もっと詳しく言うと今のところ、誤差を考慮すると、準安定とも安定ともいえない微妙な場所にあります。ヒッグス粒子の質量は、LHC実験ですでにかなりよい精度で測られているので、トップクォークの質量をもっと精度よく知りたいところです。そこで、トップクォークの質量の精密測定は、LHCをアップグレードした高輝度（ハイルミノシティー）LHC（HL－LHC）実験や、計画中の国際リニアコライダー（ILC）実験での重要課題になっています。

真空崩壊が起こるとどうなる？

宇宙のある場所で真の真空への量子遷移が起きたとすると、それは光速で周りに広がっていくと考えられます。真空崩壊が起きた場所では「偽の真空」と「真の真空」のエネルギー差に対応する潜熱が解放され、その熱でそこにある物質は一瞬にして蒸発し、素粒子のレベルまでバラバラになってしまうでしょう。また、空間のエネルギー密度が負なら、空間自体が爆縮しつぶれてしまうかもしれません。まさに、この世の終わりです。

しかし、あまり心配するのはよしましょう。まず、ここまでの真空の安定性の話は、あくまで標準理論の範囲の話だという点が重要です。標準理論で説明できない問題が残されており、その説明に標準理論を超える、より深い自然法則の理解が必要とされていることは、すでにお話ししました。一方、標準理論の範囲では「準安定（偽の真空）」であっても、より進んだ標準理論を超える理論では、完全に安定である可能性もあります。また、標準理論の予言と矛盾する実験結果が得られた瞬間に、標準理論を前提とする真空の安定性の議論は意味を失います。また、本当に私たちが住んでいる真空が偽の真空で、本当に真空崩壊のときが訪れたとしても、私たち人間が気付きもしないうちにすべてが一瞬のうちに蒸発してしまうのですから、心配しても無駄とも言えます。

真空崩壊を心配することはやめて、最後にもう1つの可能性、私たちの真空が「安定」と「準安定」の境界線上にちょうどピッタリ乗っている場合についてお話しして、この章を終わりたいと思います。

マルチバースと人間原理

標準理論がこの先ずっと高いエネルギーまで破綻せずに成り立つ場合には、先に出てきたヒッグス場のポテンシャルエネルギーV（ϕ）の中のμ^2というパラメータが二十数桁という信じられない精度で絶妙に調整されている必要があります。なぜ絶妙に調整されているかの答えが「まったくの偶然」だとするのが、マルチバースと人間原理の考え方です。

今も私たちの観測できないところで新しい宇宙が次々と生まれては消え、その一部は私たちの宇宙のように大きく成長しているとするのが、マルチバース仮説です。マルチバースのほとんどが、生まれてもすぐ消滅してしまうか、原子をつくる間もなく加速膨張して希薄になってしまう、私たちの宇宙とは似ても似つかない宇宙です。しかし、無数に宇宙があれば、その中にごくごくまれに、人間のように物理学を始める知的生命体が生まれることが可能な宇宙があるはずです。

一方、原子ができ星が生まれ、そして物理学を始める人間のような知的生命体が生まれる宇宙に対応するμ^2の範囲を調べてみると、発見されたヒッグス粒子の質量値から推定されるμ^2の値のせいぜい数倍の範囲に収まっていなければならないことが知られています。つまり、私たちのような知的生命体が自分の住んでいる宇宙のμ^2を測定すると、必然的に驚くほど微調整された値が得られるというわけです。このように、人間のような知的生命体の存在に理論のパラメータの驚くほど絶妙な微調整の原因を求めるのが「マルチバースの存在」を前提とする「人間原理」による説明です。ちょっとずるい感じがしますが、論理的にはあり得る可能性です。

マルチバース理論の中で、さらに、ほとんどの宇宙でトップクォークの質量とヒッグス粒子の質量が、安定真空と準安定真空の境界線上の値をとるはずだとする理論が提唱されています。準安定と安定の境界は、図10－1で言うと、2つの真空のエネルギーが同じ場合、つまりエネルギー最低状態が2つある場合です。これは、水蒸気（気相）と水（液相）のような2つの相が共存する状態に対応します。水蒸気と水の2相共存状態では、熱を加えても温度は100℃のままで変化しません。同じようにヒッグス場のポテンシャルも、理論の他のパラメータをいじっても、いつも2相が共存する安定と不安定の境界上にトップクォークの質量とヒッグス粒子の質量が自動調整されてしまうという仮説です。

この前提は、私たちの宇宙を含むこの世界が、無数の宇宙（マルチバース）の1つであることです。なので、もし将来の実験でトップクォークとヒッグス粒子の質量の測定精度を大幅に改善してみても依然として誤差の範囲で境界線上にあるようなら、それはマルチバースの有力な証拠となり得ます。将来の加速器実験の結果に期待しましょう。

終わりに

最後まで読んでいただき、ありがとうございます。ここに語られた基礎物理学の最前線の姿から、科学が時代を超えて人類の総力を挙げて試行錯誤しながらつくり上げられたものであり、常に現在進行形であることを感じていただけたら幸いです。

さらに、科学的な考え方、とりわけ基礎物理学の基本的な考え方として、「対称性」という考え方が本書の各所に現れ、これが基礎物理学の通奏低音として流れていることを感じ取っていただけたでしょうか？　第4章に出てくる鏡映対称性というのは、物理法則が右と左を入れ替えても変わらないことを意味します。別の言葉で言うと、われわれが住む世界と鏡の中の世界は「同等な可能性」をもっていて、特別な理由がない限り「同等な権利」があるとも言えます。第6章に出てくるのは物質と反物質の対称性、CP対称性です。われわれの住む宇宙は物質が支配的存在になっていますが、反物質が支配的な宇宙の可能性も同等に存在しており、なぜ物質優勢宇宙が選択されたのか、今も研究者たちは必死に探究しているのです。

それだけではありません。他にも、物理法則はどの場所にも、どの時間でも平等に適用されるという並進対称性、360度どこを基準に取っても物理法則は変わらないという回転対称性など身近に感じられるものから、ゲージ対称性のように抽象的なものまで、ありとあらゆる入れ替えに対して平等な立場が与えられています。

このことから、きっと私とあなたも外見や住む環境が違っても、本質的には同じ、少なくとも同じ可能性をもっていることが、体中の細胞に沁み渡るレベルで理解できる気がしてきます。そうした徹底した平等性を基礎概念とする科学について知る機会が、みんなに等しく与えられるべきだということは、多くの人が理解するところだと思います。

序文でも触れましたが、この本は、目の不自由な人にも、現代基礎物理学の最前線の一端を理解してもらうことを1つの目的として書かれています。この本に特有の編集過程として、第一稿の段階でいったん点字訳をしてモニターの方に読んでいただき、視覚中心の表現に陥っているかもしれない点を修正しています。

天川眞琴様、北畠一翔様、簗島瞬様、吉泉豊晴様（五十音順）には試読をいただきまして、ありがとうございました。元々、すべての執筆者は点字本がつくられることを前提に書き進めたので、実際の修正点はあまり多くはありませんでしたが、それでもモニターの方の指摘によって46点を修正しました。少しでも理解しやすいものになっていれば、うれしいです。

この長大なプロセスに根気強くお付き合いいただいた、筑波技術大学の宮城愛美さんをはじめとする、点字本および触図製作チームの筑波技術大学障害者高等教育研究支援センターの金堀利洋さん、田中仁さん、野澤しげみさん、筑波技術大学視覚障害系支援課の納田かがりさん、つくばステッキの会の横田弘美さんに、心から感謝申し上げます。

さらに同書の編集にあたっては、高エネルギー加速器研究機構広報室長の勝田敏彦さん、素粒子原子核研究所の後田裕さん、中山浩幸さん、本田由子さん、菊池まこさんに相談に乗っていただき、常に温かい励ましをいただいたことに感謝申し上げます。

そして、この本の企画を取り上げて、点字本製作と絡んで複雑になったスケジュールの中、最後まで後押ししてくださったブルーバックスの家田有美子さんに、心から感謝申し上げます。編集にご協力いただいたフォトンクリエイトの鈴木志乃さんにもお世話になりました。ありがとうございます。

最後に、点字本プロジェクトのきっかけをくださった高エネルギー加速器研究機構　山内正則機構長ならびに筑波技術大学　石原保志学長、後押しをいただいた釜江常好　東京大学名誉教授に、感謝申し上げます。

この本が、「サイエンスは時空を超えた人類の壮大なコラボレーション」であること、したがってその結果は人類の恒久の平和に用いられるべきことを再認識することに、少しでも貢献できることを心から願って、筆をおきたいと思います。

2024年春　つくばにて

高エネルギー加速器研究機構　素粒子原子核研究所
所長　齊藤直人

「分かりやすい物理」かつ「面白い物理」をモットーとした授業展開を目指しており、物理教育の改善にも日々取り組んでいる。

〔第９章〕
津野　総司《つの・そうし》　高エネルギー加速器研究機構　素粒子原子核研究所 研究機関講師
2004年に筑波大学大学院物理学研究科博士後期課程修了。博士（理学）。東京大学素粒子物理国際研究センター、特任教員リサーチフェローを経て、2009年よりKEK助教、2014年より現職。ヒッグス粒子の精密測定、および、ヒッグス粒子が、新規現象を引き起こす物理の研究を行っている。

〔第９章〕
中浜　優《なかはま・ゆう》　高エネルギー加速器研究機構　素粒子原子核研究所 准教授
2009年に東京大学大学院理学系研究科修了。博士（理学）。欧州合同原子核研究機構CERN研究員等を経て、2021年より現職。専門は高エネルギー物理学。世界最高エネルギーを持つ大型ハドロン衝突型加速器LHCを用いて、ヒッグス粒子の性質測定や暗黒物質の正体解明に関する実験的研究を行っている。

〔第10章〕
藤井　恵介《ふじい・けいすけ》　岩手大学 客員教授　高エネルギー加速器研究機構 名誉教授
1985年に名古屋大学大学院理学研究科博士課程単位取得満了退学、同年高エネルギー物理学研究所に着任してトリスタン実験に従事し、1987年理学博士号(名古屋大学)取得。一貫して高エネルギー衝突型加速器を使った素粒子物理学の研究を行う。特に、2000年以降は主に次世代の電子陽電子線形衝突型加速器（国際リニアコライダー：ILC）のための物理や測定器の準備研究を進めている。2016年からKEK素粒子原子核研究所教授、KEKシニアフェローなどを経て、2023年より現職。

験を推進した。2022年より現職。最近は天体における速い中性子捕獲(r-)過程の解明のため、超重元素領域の原子核研究に加わっている。

〔第３章、第７章、第８章〕

郡　和範《こおり・かずのり》　国立天文台 教授
高エネルギー加速器研究機構 特別教授

2000年に東京大学大学院理学系研究科物理学専攻博士課程修了。2004年米ハーバード大学博士研究員。2006年英ランカスター大学研究助手。2009年東北大学大学院助教、2010年KEK助教、2014年KEK准教授などを経て現職。また総合研究大学院大学・KEK量子場計測システム国際拠点（QUP）・東京大学カブリ数物連携宇宙機構の教員も兼任。研究内容は、宇宙論・宇宙物理学の理論研究。著書に『宇宙物理学（KEK物理学シリーズ３）』（共立出版）、『宇宙はどのような時空でできているのか』『「ニュートリノと重力波」のことが一冊でまるごとわかる』（ベレ出版）などがある。

〔第４章〕

橋本　省二《はしもと・しょうじ》　高エネルギー加速器研究機構
素粒子原子核研究所 教授

1994年に広島大学大学院理学研究科博士課程修了。理学博士。1995年、高エネルギー物理学研究所（現KEK）・データ処理センター助手。2002年から、KEK素粒子原子核研究所および総合研究大学院大学高エネルギー加速器科学研究科准教授。2010年より現職。著書に『質量はどのように生まれるのか』（講談社ブルーバックス）がある。

〔第６章〕

多田　将《ただ・しょう》　高エネルギー加速器研究機構
素粒子原子核研究所 准教授

2001年に京都大学大学院理学研究科博士課程修了、理学博士。京都大学化学研究所原子核科学研究施設非常勤講師を経て、2004年よりKEKに着任。現在に至る。ニュートリノグループに所属し、長基線ニュートリノ振動実験に携わっている。著書に『すごい宇宙講義』『すごい実験』（ともに中公文庫）、『宇宙のはじまり』（イースト新書Q）などがある。

〔第６章〕

伊藤　慎太郎《いとう・しんたろう》　北九州工業高等専門学校 助教

2016年に大阪大学博士後期課程を修了後、岡山大学、KEKを経て、2023年より現職。素粒子標準模型を超える物理法則の研究や暗黒物質候補にもなりうる新粒子の実験的探索などを行っている。また、現職では、

執筆者プロフィール

〔序文、終わりに〕

齊藤　直人《さいとう・なおひと》
高エネルギー加速器研究機構
素粒子原子核研究所長

1995年、京都大学大学院理学研究科物理・宇宙物理専攻 後期博士課程単位取得退学後、博士号（理学）を取得。理化学研究所 基礎科学特別研究員、研究員、副主任研究員を経て、2002年京都大学大学院理学研究科助教授。米国ブルックヘブン国立研究所で世界最高エネルギーの偏極陽子コライダーを実現して、新物理探索を行った。2006年高エネルギー加速器研究機構（KEK）教授として赴任後、J-PARCを使った素粒子ミューオンの性質の精密測定による新物理探索を提案し開発研究を進めている。J-PARCセンター センター長を経て、2021年より現職。並行して、2007年から東京大学大学院理学系研究科・併任教授として研究室を主宰すると共に、研究所のマネジメント業に悪戦苦闘している。趣味は、音楽とNHKオンデマンド視聴。

〔第1章、第2章、第5章〕

藤本　順平《ふじもと・じゅんぺい》
高エネルギー加速器研究機構
素粒子原子核研究所 シニアフェロー

1988年3月に名古屋大学大学院 理学研究科博士課程（後期課程）を修了後、日本学術振興会特別研究員（名古屋大学）を経て、1989年から高エネルギー物理学研究所（現KEK）助手。1997年4月よりKEK素粒子原子核研究所助手、研究機関講師、講師を経て2022年より現職。標準理論や最小超対称性標準理論に基づく理論計算を行うための「ファインマン振幅の自動計算システム・GRACE（グレイス）」の開発に従事。著書に『小さい宇宙をつくる—本当にいちばんやさしい素粒子と宇宙のはなし』（幻冬舎エデュケーション）、『素粒子物理学を楽しむ本』（髙橋理佳と共著・学研科学選書）がある。

〔第3章〕

宮武　宇也《みやたけ・ひろあり》
高エネルギー加速器研究機構
素粒子原子核研究所 ダイヤモンドフェロー

1980年に東北大学理学部卒業後、1985年に同大学大学院理学研究科修了。理学博士（原子核理学専攻)。日本学術振興会奨励研究員を経て、東京大学原子核研究所、大阪大学、KEKを本拠に、国内外の実験施設で研究を進めてきた。2005年にKEK教授、2015年にKEK 和光原子核科学センター（WNSC）センター長。不安定原子核を用いた原子核物理及び天体核物理を展開するとともに、WNSCの実験設備KISSによる共同利用実

これ以上の精度のよい記述を見つけられなかった。

・Andrew H. Knoll, Martin A. Nowak, The timetable of evolution. *Sci. Adv.* 3, e1603076(2017).

►全球凍結

田近英一「全球凍結と生物進化」*Journal of Geography*, 116 (1)79-94(2007).

同教授監修の最新版『新版 地球・生命の大進化――46億年の物語』(新星出版社)によると、23億年前、7億年前、6.5億年前の「3回」とされている。

1度目の全球凍結:23億年前 = 115億年 → 11月1日 3:40

2度目の全球凍結:7億年前 = 131.0億年 → 12月13日 11:33

3度目の全球凍結:6.5億年前 = 131.5億年 → 12月14日 19:18

他にも、以下の資料も参考のために挙げておく。

・https://opengeology.org/historicalgeology/case-studies/snowball-earth/#When_were_the_Snowballs

►カンブリア大爆発

約5億4500万年前〜約5億500万年前;5億2500万年前 = 132.7億年 → 12月18日 2:40

・Zhuravlev, A.Y., Wood, R.A., The two phases of the Cambrian Explosion. *Sci Rep* 8, 16656 (2018).

►恐竜絶滅

6600万年前 = 137.3億年 → 12月30日 6:05

・Zhuravlev, A.Y., Wood, R.A., The two phases of the Cambrian Explosion. *Sci Rep* 8, 16656 (2018).

►アウストラロピテクスの出現

412万年前〜377万年前;411.6万年前 = 137.9288億年 →12月31日21:23

誤差を考慮して、137.929億年と記述している。

・White, T., WoldeGabriel, G., Asfaw, B. et al., Asa Issie, Aramis and the origin of Australopithecus. *Nature* 440, 883–889 (2006).

►ホモ・サピエンスの出現

31.5万年前 = 137.96685億年 → 12月31日 23:48

誤差を考慮して、137.967億年と記述している。

・Hublin, JJ., Ben-Ncer, A., Bailey, S. et al., New fossils from Jebel Irhoud, Morocco and the pan-African origin of *Homo sapiens*. *Nature* 546, 289–292 (2017).

►言語の発生

5万〜10万年前とされる。仮に5万年前とすると137.9695億年 → 12月31日 23:58

誤差を考慮して、137.970億年と記述している。

以上

2024年2月　齊藤直人

宇宙カレンダーについてのメモ

序文で紹介した宇宙カレンダーは、Wikipediaの記述をはじめ、多くのバージョンが見受けられる。宇宙年齢の代わりに地球年齢を1年にたとえた「地球カレンダー」など多くの派生型も存在する。考え方の基本はアメリカの天文学者カール・セーガンの“The Dragons of Eden”（1977年）にさかのぼり、長大な時間スケールを身近な時間スケールに対比することで宇宙の歴史を俯瞰することの助けとなると考えられる。

それぞれの年代については、現在も研究が進行中であり、中心値、誤差ともに更新される運命にある。以下、本書で採用したデータについて参考文献と共に挙げる。データの選択については、筆者に責任がある。

►宇宙の年齢

素粒子物理学に関連するParticle Data GroupのReview of Particle Physics (https://pdg.lbl.gov)から、Planck衛星の結果の一つ137.97億±0.23億年を採用している。

►太陽系の形成

45.6822億±0.0017億年前 = 92.3億±0.2億年 → 9月2日3:32

・Bouvier, A., Wadhwa, M., The age of the Solar System redefined by the oldest Pb-Pb age of a meteoritic inclusion. *Nature Geoscience* 3, 637–641 (2010).

►地球の形成

45.4億年前 = 92.6億年 → 9月2日 21:27

・“Age of the Earth” (https://pubs.usgs.gov/gip/geotime/age.html)
・Geologic Time (U.S. Geological Survey , 2007年7月9日)

►地磁気の形成

42億年前 = 96億年 → 9月11日 21:20

岩石の分析からかつては35億年程度前とされていたが、最近の論文では42億年程度前とするものもある。ここでは以下の文献から42億年を採用することにした。

・John A. Tarduno, et al., Paleomagnetism indicates that primary magnetite in zircon records a strong Hadean geodynamo. *PNAS*,117 (5) 2309-2318 (2020).

►海洋の形成

38億～42億年前 = ～98億年 → 9月17日 4:19

これ以上の精度のよい記述を見つけられなかった。

・https://serc.carleton.edu/NAGTWorkshops/earlyearth/questions/formation_oceans.html
・Aaron J. Cavosie, Simon A. Wilde, Dunyi Liu, Paul W. Weiblen, John W. Valley, Internal zoning and U-Th-Pb chemistry of Jack Hills detrital zircons: a mineral record of early Archean to Mesoproterozoic (4348–1576Ma) magmatism, *Precambrian Research*, 135(4) 251-279 (2004).

►生命の誕生

38億～42億年前 = ～98億年 → 9月17日 4:19

点字、触図の電子ファイルの入手方法

本書の点字本は、原本の文字部分が掲載された点字版と、原本の図の部分が掲載された触図版で構成されています。点字版、触図版の電子ファイルは、視覚障害のある方や、その他の関心のある方に向けて、無料で提供されています。

公開しているのは、高エネルギー加速器研究機構のリポジトリ、筑波技術大学のリポジトリ、国立国会図書館の視覚障害者等用データ送信サービスですが、次のURLにアクセスしていただくと、それら入手先の情報を得ることができます。

https://www2.kek.jp/ipns/ja/braillebook_project/

入手した触図の印刷方法

触図版の電子ファイルは、上記のURLから、立体コピーによる印刷が可能なPDF形式のファイルで入手できます。

立体コピーを印刷する製品には、Partner Vision bizhub C250 i（コニカミノルタ株式会社）、PIAF《ピアフ》（ケージーエス株式会社）、EasyTactix（SINKA株式会社）などがあり、価格は20万～190万円程度です。また、専用の立体コピーの用紙は、1枚あたり70～130円程度です。

触図を印刷する環境がない方には、筑波技術大学から触図版の貸し出しを行っていますので、お問い合わせください。

▷問い合わせ先：order@ntut-braille-net.org
（筑波技術大学　障害者高等教育研究支援センター）

本書の点字版作成は、以下のメンバーで行いました。
（五十音順）

■筑波技術大学：
金堀利洋、田中仁、納田かがり、野澤しげみ、宮城愛美

■つくばステッキの会：横田弘美

て作りました。実際に執筆者が試作図を触ることで触図の可能性を把握してもらい、伝えたい部分を分かりやすく触図化しました。例をいくつか紹介します。

・線が混在している図の単純化、三次元で表現された図の二次元的な表現の方法についての検討
・複雑な図のデフォルメ化
・複数枚に分割

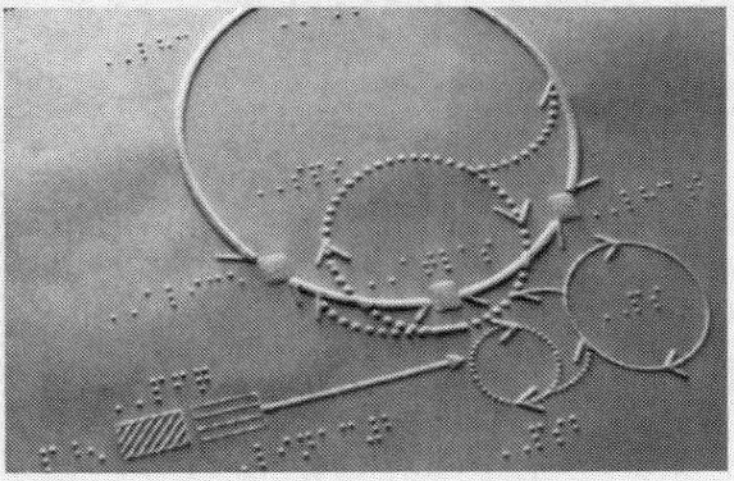

たとえば本書の図9-2を触図にするとこのようになる

4.3 触読による校正

作成した図を触読し、文字校正だけでなく、執筆者の意図が反映できているかを確認しました。

5 点字印刷・製本

点字プリンターで本文を印刷し、触図は立体イメージプリンターで印刷します。最後にそれらを製本して完成させました。

製本後の点字本の例

3.2 触読校正者による校正

点字ディスプレイ

点訳者が仕上げた点字データを、全盲の触読者が点字ディスプレイで読み、校正を行います。

4 触図の作成

「触図」は手で触って理解する図です。点字プリンターで作成する点図（点のみで表現する図）と立体コピー機で作成する触図（点と線などで表現する図）があります。執筆者らが原図のデータを提供しました。

本書の図1-4、ナトリウムの電子配置図を点図にするとこのようになる

4.1 作図方法の検討・試作

本書に出てくる図について、点図と立体コピー機による触図のどちらで作成したほうが分かりやすいか、検討しました。グラデーションになっている色の表現など、点図には向かない図については、試作して触読校正者に確認したうえで、立体イメージプリンターEasyTactix（イージータクティクス）で印刷する触図に決めました。

4.2 執筆者・編集者との打ち合わせ

複雑な図や線が混在している図は、執筆者と打ち合わせをし

巻末付録　点字本のつくり方

本書は点字版でも刊行されます。ここで本書の点字版作成の流れをご紹介しましょう。

1　原稿から点字データ変換用のテキストデータを作成

執筆者らが、本文データと、専門用語の読み方のデータを提供しました。一般の図書を点訳する場合には、スキャナとOCRという文字認識ソフトを用いて、点字データ変換用のテキストデータを作成しています。

2　点字データに変換

自動点訳ソフトを用いて、点字データに変換します。

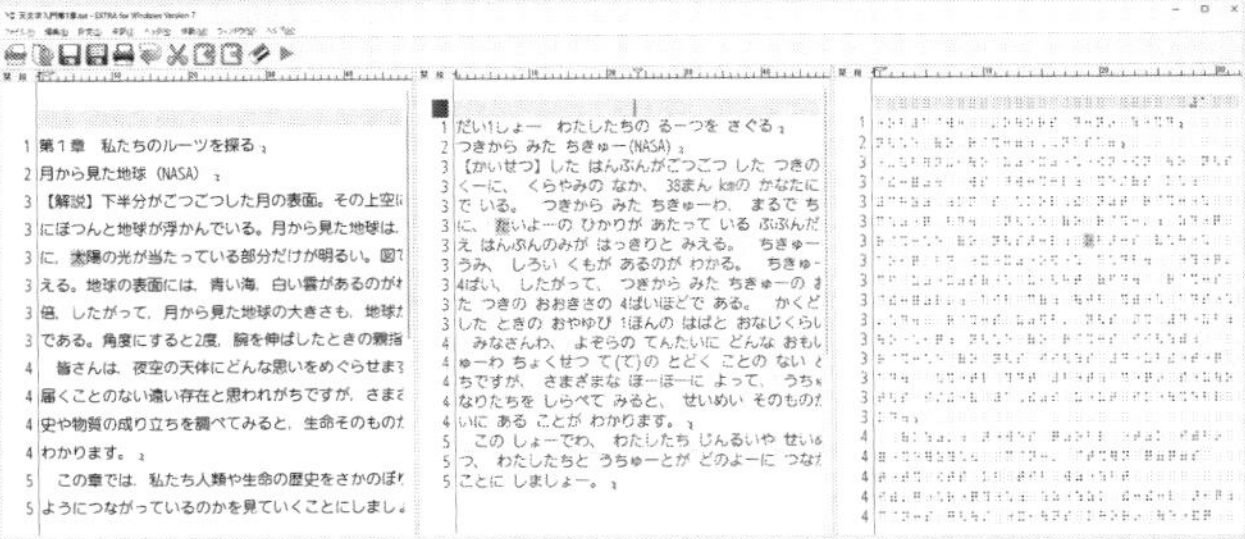

普通の文字→カナ→点字、と変換する様子

3　点字データの編集

3.1　点字データの校正

自動点訳ソフトによる誤変換の修正、点訳のルールによる分かち書き（語の区切りをあける）・切れ続き（触読しやすくするために長い文節を区切る）・数式表現の修正、レイアウトの調整、ページの割り付けなどをします。この作業は点訳者2名が行いました。

ま行

や・ら行

な行

は行

さ行

た行

あ行

か行

索引

人名

アルファベット・記号

N.D.C.440　318p　18cm

ブルーバックス　B-2256

宇宙《うちゅう》と物質《ぶっしつ》の起源《きげん》

「見えない世界」を理解する

2024年 3 月 20 日　第 1 刷発行
2024年 9 月 2 日　第 5 刷発行

編者　高《こう》エネルギー加速器研究機構《かそくきけんきゅうきこう》
　　　素粒子原子核研究所《そりゅうしげんしかくけんきゅうじょ》
発行者　森田浩章
発行所　株式会社講談社
　　　〒112-8001　東京都文京区音羽2-12-21
電話　出版　03-5395-3524
　　　販売　03-5395-4415
　　　業務　03-5395-3615
印刷所　（本文印刷）株式会社新藤慶昌堂
　　　（カバー表紙印刷）信毎書籍印刷株式会社
製本所　株式会社国宝社

定価はカバーに表示してあります。

ISBN978－4－06－535191－8

発刊のことば

科学をあなたのポケットに

二十世紀最大の特色は、それが科学時代であるということです。科学は日に日に進歩を続け、止まるところを知りません。ひと昔前の夢物語もどんどん現実化しており、今やわれわれの生活のすべてが、科学によってゆり動かされているといっても過言ではないでしょう。

そのような背景を考えれば、学者や学生はもちろん、産業人も、セールスマンも、ジャーナリストも、家庭の主婦も、みんなが科学を知らなければ、時代の流れに逆らうことになるでしょう。

ブルーバックス発刊の意義と必然性はそこにあります。このシリーズは、読む人に科学的に物を考える習慣と、科学的に物を見る目を養っていただくことを最大の目標にしています。そのためには、単に原理や法則の解説に終始するのではなくて、政治や経済など、社会科学や人文科学にも関連させて、広い視野から問題を追究していきます。科学はむずかしいという先入観を改める表現と構成、それも類書にないブルーバックスの特色であると信じます。

一九六三年九月　　野間省一